Idea man

Idea man

企画書の基本とコツ

好企劃這樣寫就對了！

暢銷改版

日本首席企劃大師的33堂課

日本首席企劃大師
高橋憲行 著
陳美瑛 譯

前言

「你這個想法不錯喔！能不能把你的想法整理一下？」

「先把會議的內容做成企劃書⋯⋯。」

年輕的上班族經常接到主管的命令要求寫出一份企劃書。由於企劃書是把智慧化為可見的形體，所以也是你得到他人認同的機會。

就算是第一次寫企劃書也不用感到徬徨，馬上就來挑戰看看。就如同「寧吃少年苦，不受老來貧」這句話說的，自己付出的辛苦都將確實成為自己的收穫。

對於年輕的上班族而言，就算沒有主管交代，自己主動提出「企劃書」也是很值得的。因為寫企劃書有以下幾點好處。

- 透過寫企劃書的過程，可以整理自己的想法。
- 透過寫企劃書的過程，可以確實瞭解委託者的想法。
- 透過寫企劃書的過程，可以模擬商場上的運作現況。

瞭解自己、瞭解委託者、相關人員，也瞭解商場上的情況。對於活在工商業社會中的我們而言，這些都是不可或缺的重點，也是你想要在商場上成長、成功時，非常重要的因素。

靈活運用年輕、有彈性的頭腦，也會產生好的企劃點子。正因為年輕，所以也能夠快速地培養整理企劃書的能力。

本書力求淺顯易懂，希望能夠幫助商界人士立刻學會擬訂企劃案與撰寫企劃書。不要擔心失敗，應該不斷嘗試企劃、歸納整理企劃書。

每天、每天思考小小的企劃案，就算只有寫下重點，也要努力嘗試歸納整理的工作。在這條努力的延長線上，商場上的大成功正等著你呢。

沒有人可以從一樓直接跳到二樓上。不過，如果一步步踩著十幾階的階梯往上爬的話，就可以輕鬆抵達。任何人都能夠自然地做到這點。

提昇企劃能力與寫企劃書的水準，端看你每天的努力程度。

請一定要每天踏實地前進，以迎接光明的未來。

為你光輝的未來乾杯！

高橋憲行

目次

第2章 企劃的實踐方法

訣竅篇 第3章 精通圖解表達

第4章 養成企劃思維

第5章 參考企劃書案例

本書整體內容的安排

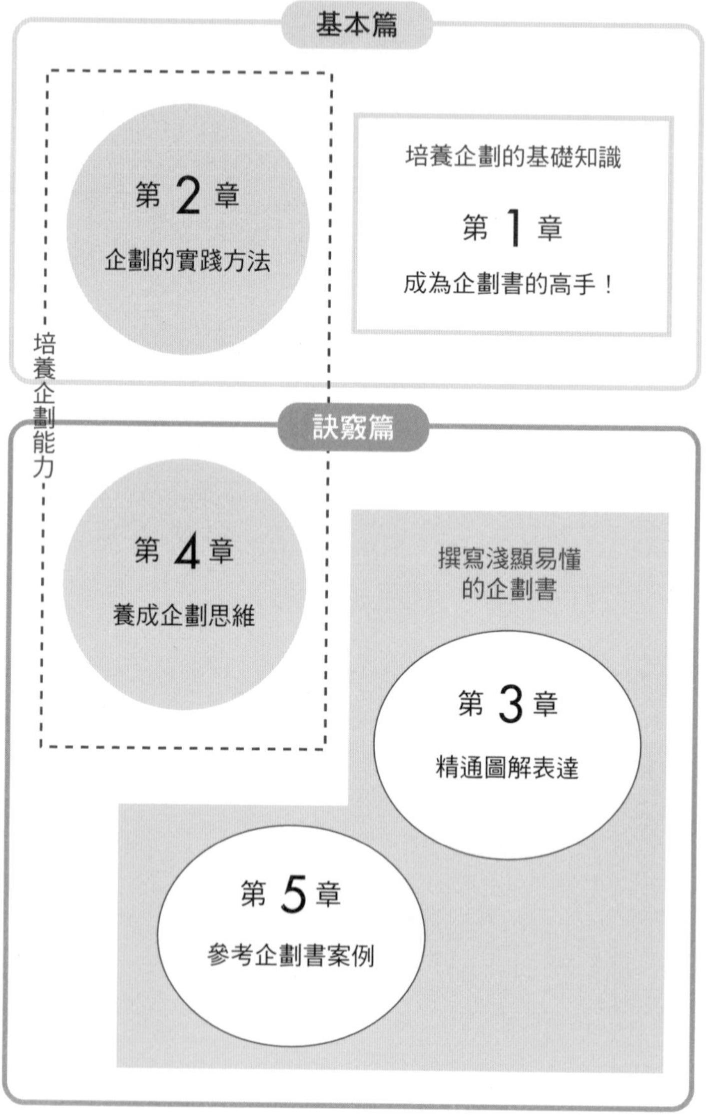
基本篇
第2章
企劃的實踐方法
培養企劃的基礎知識
第1章
成為企劃書的高手！
培養企劃能力
訣竅篇
第4章
養成企劃思維
撰寫淺顯易懂的企劃書
第3章
精通圖解表達
第5章
參考企劃書案例

基本編

第1章

成為企劃書的高手！

1 工作上的「企劃」是什麼？

企劃係指為了讓顧客「開心地」購買商品或服務，或是為了吸引對方產生興趣的技巧。

◎邀女同事共進午餐也是企劃

其實你每天都在擬企劃案，以吃中餐為例好了。

當女同事說「我肚子好餓……」時，你會怎麼做呢？

——她們已經兩天都買超商的便當吃了，那就換個口味，去她們都喜歡的餐廳用中餐吧——，於是你提議「要不要去○○義大利麵餐廳？」或者「要不要試試一家有設計感的日式餐廳？」

如果能夠像這樣地思考、建議、付諸行動的話，表示你具有相當程度的企劃能力喔。

現在試著把這樣的情況套用在工作上看看。

把女同事視為客戶，各家餐廳視為產品（服務）。聽到「肚子餓……」的聲音，想起對方已經連續兩天都吃超商的便當，這表示你**具有高度的觀察力與調查能力**。

更進一步地，你在內心暗自揣測「三天都吃超商的便當一定感覺很膩……，那麼，我就建議義大利餐點或日式料理吧。」像這種**揣摩客戶心理而進行提案的行為，就類似企劃新商品的過**

◉我們在日常生活中經常擬訂許多企劃

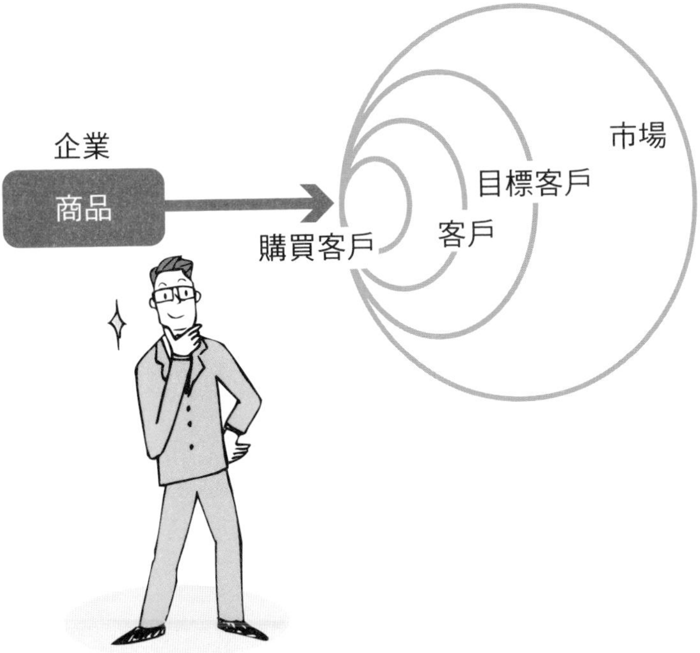

程。這樣就已經非常逼近企劃能力的精髓了。

◎思考企劃案之後，不去實踐就沒有意義

工作只是這種日常生活的延長線而已。

平常如果稍不用心的話，就會陷入沒有變化也很無趣的生活中。不過，只要稍微加點處理與判斷，或是知道開心過日子的方法，日子就會變得很快樂。

讓客戶開心地購買自家公司的商品或服務，更進一步地讓客戶成為持續購物的熟客，這樣公司就會繁榮、發展。所以你要明白，發展新事業、企劃新商品、推出新服務、創業……等等，這些都只不過是日常生活的延長線而已。

只是，**別忘記企劃一定要與實踐結合**。面對目標，如果只思考企劃而不去實踐，或是合作者不願配合實踐的話，這個目標就不會實現，這樣就會淪為「空談」。年輕人特別容易有這樣的傾向，請務必注意這點。

另外，也有人在腦中想著「怎麼可能辦得到呀……」，所以就算擬訂企劃也不實踐，或是連企劃也不願動腦筋想，這樣的人一定會被時代淘汰。

◉企劃透過實踐而被世人接受、不斷發展

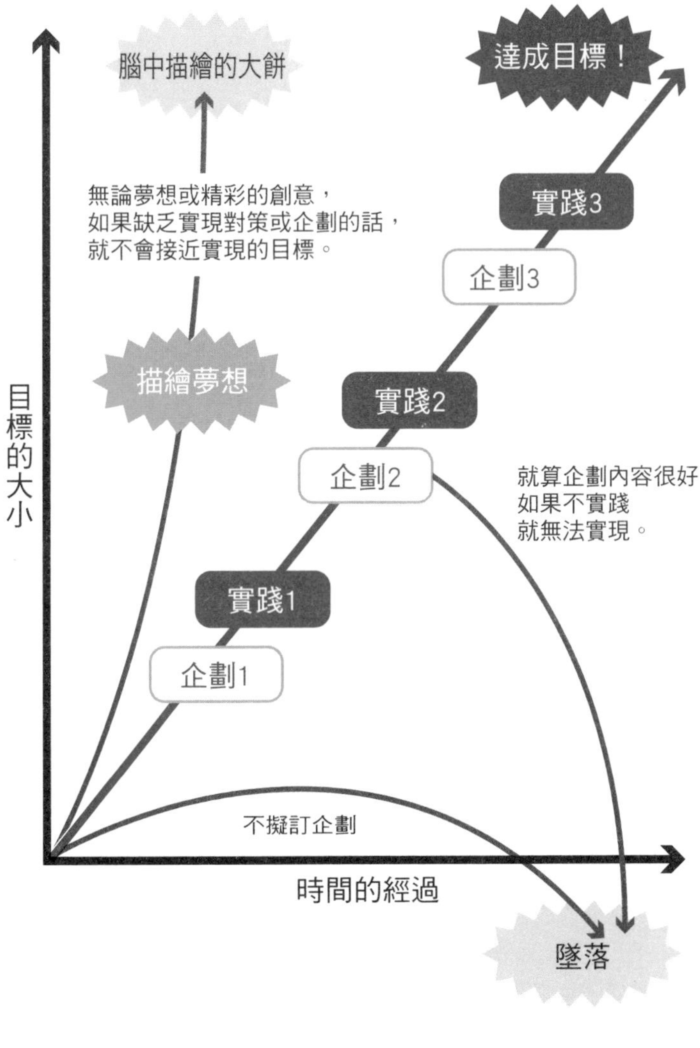

2 以「做菜」為例來看企劃

企劃能力是從日常生活中磨練出來的。
其中做菜是最適當的訓練。

◎從企劃的角度重新看待做菜

我們再度以日常生活為例，試著思考工作上的企劃過程。各位每天都會吃飯吧。由於是太過於平常的行為，若把做菜比喻為企劃，或許你會一下子無法理解吧。

不過，如果重新以企劃的角度看待做菜這件事，你可能就會瞭解負責做菜的母親，其企劃能力真是驚人。

現在來比較做菜與廠商提供商品到市場上這兩件事。以下我會在文章內同時以括號標出兩者的工作。

負責做菜的人會經常瞭解冰箱裡的內容物（**確認庫存**），透過報紙的宣傳單檢視超市的廣告（**零件調度調查**），思考幾天份的菜單（**擬訂企劃**）。

不過，如果企劃進度到此就結束的話，那也只不過是畫餅充飢而已。所以，必須去超市，購買必須的食材（**進貨**），回到家之後開始事前的準備（**準備工程**），然後開始做菜（**加工工

◉做菜與企劃的作業流程類似

從做菜看企劃與實踐過程	廠商的企劃以及實踐
檢視冰箱裡的食材	確認庫存
↓	↓
透過報紙宣傳單檢視廣告	調查零件調度狀況
↓	↓
思考菜單	擬訂企劃
↓	↓
去超市買菜	進貨材料
↓	↓
準備晚餐的材料	準備工程
↓	↓
做菜	加工工程
↓	↓
裝盤	完成工程
↓	↓
放到餐桌上	流通銷售過程
↓	↓
用餐	使用
↓	↓
真好吃！	顧客滿足

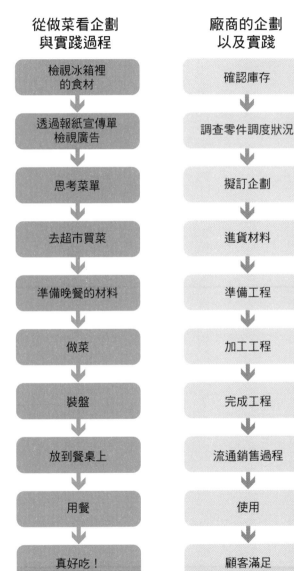

程）。

把菜盛在盤子上（**完成工程**），再放到餐桌上（**流通銷售過程**），接下來全家就可以用餐了（**使用**）。一直到家人說「啊，真好吃」（**顧客滿足**）為止，才是完整的做菜過程。

◎日常生活是訓練企劃能力的最佳舞台

從庫存、製造工程一直到銷售為止，廠商內部其實有各種工作，也不見得每次都能夠順利進行。平常公司內部就會有一堆的問題，由於**解決對策是必須的**，因此一定要有「企劃」。

雖然這裡沒有顯示事前的流程，不過，如果是用餐的話，母親就必須考慮家人的營養狀況以及每個人的喜好。事實上每位母親對這方面都很在行。

母親考慮家人的營養狀況，就類似廠商認真地製造以**確保商品的品質**。考慮每個人的喜好與接受狀況，表示母親正在進行**市場調查**呢。

就像這樣，做菜與企劃其實非常相似。請試著以這樣的角度來觀察做菜或其他的日常生活，訓練你的企劃能力吧。

◉母親「調查」家人的營養狀況並「企劃」菜色

3 什麼樣的場合需要企劃？

所有的工作都需要企劃。
解決問題所擬訂的對策也是企劃。

◎無論什麼工作都需要企劃能力，即便是新進員工也不例外

提到「企劃」，一般人總是會聯想到商品企劃、新事業規劃等企劃部門的工作。不過，其實企劃不限於這些。只要是工作，**每項工作都需要企劃**。即便是新進員工也需要具備企劃能力。如果公司的玄關掉了一個垃圾，而公司員工卻無視這個垃圾的存在，這家公司大概也維持不了多久。

對於垃圾的存在視為理所當然，這樣的公司不可能做好服務客戶的工作。因此，大部分的公司都會進行「**整理・整頓・清潔・清掃・教養**」的**5S運動**譯注1。

看到垃圾掉落地上……**問題**（發現）

以公司的狀況來說，這絕對是不行的……**課題**（把解決問題化為一個討論的課題）

撿起垃圾，丟入垃圾箱裡……**對策**

如果有問題發生，就要把此問題視為一個課題，擬訂對策。對策就是企劃。在這樣的延長線

◉如果有問題發生，就要擬訂對策解決。這個「對策」就是企劃

問題	對策
●垃圾掉落地上 →	●設置垃圾筒
●書架雜亂無章	●訂製書架
●會議室凌亂不堪	●製作整理規則

問題	對策
●業績不振 →	●企劃新菜色
	●製作店頭POP
	●廣告
	●重新建構營業政策
	●考慮發展新事業

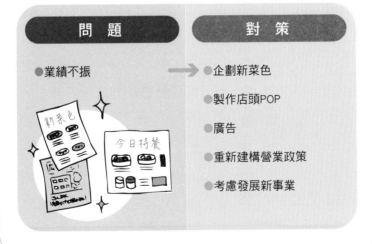

上，存在著企業的企劃案。撿起垃圾，把垃圾丟入垃圾箱裡，這種太過於平常的日常生活，通常不會被視為企劃，不過，其實這只是難易程度不同的企劃過程而已。

◎「企劃」對於總務、會計與人事也很重要

公司裡的總務部擔任著「把會議室整理乾淨」的任務。會議結束之後，會議桌的排列都會變得雜亂無章。雖然總務部職員千叮嚀萬交代：「會議結束後，請把桌子排回課桌椅排列的形式！」，也都透過公文公告，但是會議桌還是排列得非常零亂……。使用會議室的部門也因為工作忙碌等因素，只是隨便把桌椅歸回原位就算了事。

因此，總務部就要思考一個讓任何人都會注意桌子排列凌亂的方法，於是就產生一個在地板貼上記號標籤的機制。由於有了記號標示，每個人都能輕鬆地把會議桌排成整齊課桌椅的形式。

這也是企劃與實踐的結果。**就算是一般認為與企劃無關的部門，也需要企劃與實踐**。新商品企劃與新事業企劃是相當積極的解決對策。不過，就算公司目前的經營很順利，未來也可能會遇到業績滑落的狀況。若是如此的話，就要防範未然，預先想出解決問題的方法，規畫幾年後會暢銷的新事業、新商品。

譯註1：辭彙的日文發音依序為seiri、seiton、seikestu、seisou、shitsuke，因此稱為5S運動。

◉「會議後的會議桌凌亂排列」的問題之解決流程

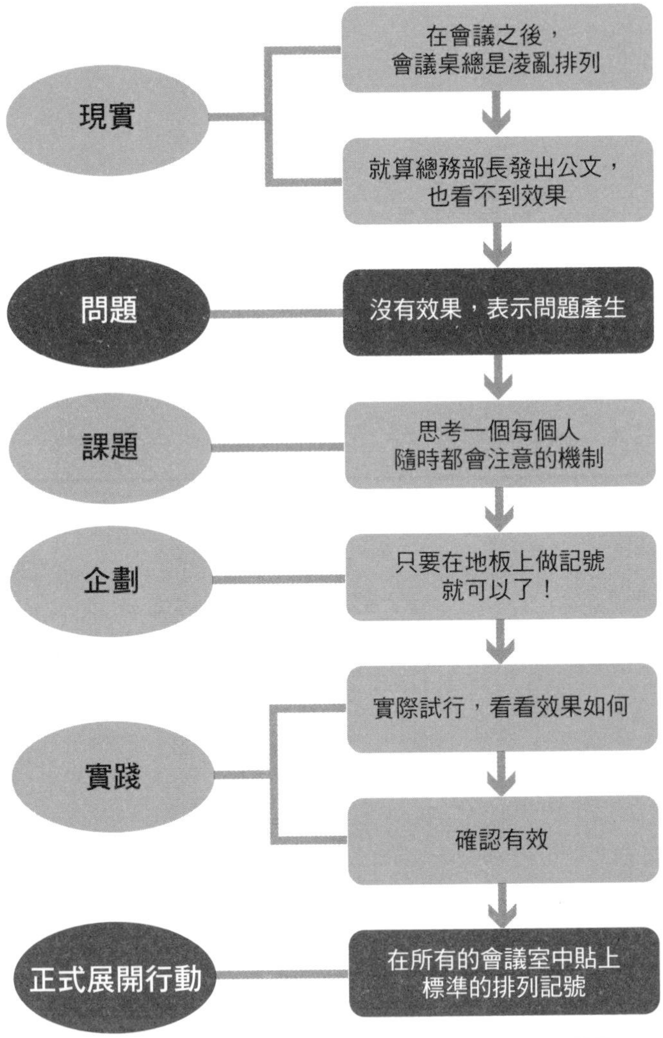
現實
在會議之後，會議桌總是凌亂排列
就算總務部長發出公文，也看不到效果
問題
沒有效果，表示問題產生
課題
思考一個每個人隨時都會注意的機制
企劃
只要在地板上做記號就可以了！
實踐
實際試行，看看效果如何
確認有效
正式展開行動
在所有的會議室中貼上標準的排列記號

4 企劃書是由半成品開始修潤

不要一開始就要求盡善盡美，請聽取周圍朋友的意見吧。
以6W2H思考企劃書是基本功。

◎企劃書以6W2H的思考為基礎

「幫我寫一份企劃案吧。」

假設你接到主管或其他部門的委託，這時不要把事情想得太嚴重，清楚問出委託者的目的「為了什麼／What」，充實的內容是企劃書最精彩之處。

大家都知道5W1H是寫文章時最基本的確認重點。不過，商場上的**企劃書請以6W2H**（或5W3H）來思考（如左圖）。

當有人委託你「幫我寫份企劃書……」時，通常對方都會要求你寫出達成目標之前，可能會發生的阻礙（問題）、是否有解決方案……等等。這時，只要依照6W2H的順序來思考就可以了。

◎寫企劃書時以6W2H的架構思考

What	這個企劃的主題為何？
Who	推動企劃案的相關人員有誰？
Where	實施地點？
When	實施時間？進度為何？
Why	為什麼非擬訂這個企劃案不可？
How	實施企劃時該怎麼做？
Wao!	是否加入令人感動的要素？ （若以How!代替的話，就成為5W3H）
How Much	多少預算？

◎企劃書不要做得太完美，以未完成的狀態與委託者合作

寫企劃書時，絕對不要想做出一份完美的企劃書，或是一定要完成所有的部分。沒有經驗卻又能夠完美地寫出一份企劃書的人，是不可能存在的。

由於我是日本（可能也是世上少見）第一位設計出許多企劃書格式的人，所以被視為企劃書達人。因此，別人總以為我能夠寫出一份完美且精彩的企劃書。不過，我是不寫企劃書的。或者說，我寫的都是**明顯未完成的企劃書**。

一邊聽取客戶或委託者的意見，一邊完成企劃書。這麼一來，這份完成的企畫書就是與委託者（客戶、主管或同事）合作的成果。

由於這份企劃書融合了所有參與者的思考、用心，所以執行時也會獲得眾人積極的協助。

企劃書在付諸實踐之後才會呈現其價值，所以**在寫企劃書之初，先找好合作夥伴**，這才是寫企劃書的聰明做法。

◉未完成的企劃書容易得到周圍旁人的協助

主　題

○○△△株式會社　成立五十週年紀念活動企劃書　企劃部．高橋憲行

標　題

○○△△株式會社　迎向新的五十年之百年計畫
投入農業……成立Aguri研究所紀念活動
「日本農業的工業化與糧食問題」

內　容

■舉辦活動（座談會）

標題「日本農業的工業化與糧食問題」

日本糧食的自給自足率為40%。在現今的時代中，不僅糧食取得未能獲得完全的保障，糧食價格也受到國際情勢的影響。此外，現實中發生毒水餃問題或飲食安全問題等，皆為社會帶來不安的氣氛。在這樣的情況下，其實日本已經進入農業工業化的時代了。以下是敝公司研究的項目內容。

- 透過休耕田地的運用進行大規模農業
- 在都市近郊成立以水耕栽培為主的蔬菜工場
- 推廣陽台種植等家庭自動栽培

以及其他具有市場性的產品。

本公司積極推動以上的研究項目。更進一步地，為了讓本公司的研究開發更加充實，預定成立Aguri研究所株式會社做為研究的子公司，並公告大眾。

因此本公司將透過座談會的舉辦與出版相關書籍，達到告知的目的。

■活動時間
2009年10月8日（四）
13點～17點

■主持人
大久保淳子（司儀）

■協調人
農野耕造（○農業大學教授）

■專題討論
- 關知良二（○工業大學教授）
- 亞栗耕作（A研究所新社長）
- 荒地開二（農業評論家）
- Kent Anderson（瑞典．S大學教授）

■活動地點
東京丸之內紀念會館

提供「番茄」與「蘿蔔嬰」等兩包水耕蔬菜包，做為發行刊物的附錄贈品。

組　織

委員長
社長

執行委員長
企劃部長

- 企劃負責人（技術部／企劃部）
- 運作負責人（總務部）
- 媒體負責人（企劃部）
- 書籍負責人（技術部）

預　算

■場地費	
場地費	1,200
佈置費	2,500
■講師謝禮與交通費等	
國內講師	2,200
國外講師	1,050
■廣告宣傳費	
報紙雜誌	13,200
當天使用資料	1,250
DM與其他	3,480
■書籍編輯印刷費與其他	8,250
總計	33,130

（單位：千日圓）

5 掌握基本重點、使用格式範本

企劃書沒有統一的格式。瞭解公司內部的前例。若無，就從模仿開始。

◎利用格式會增加說服力

寫企劃書時，請先掌握基本格式吧。本書二五頁所提的6W2H，**就可以直接成為一個格式表格**。

如果公司組織健全的話，公司都會準備基本格式，以此為基本格式是最好的。另外，也可以模仿前輩製作的企劃書格式。

小公司或剛成立不久的公司，可能找不到具體的企劃書，這時可以參考本書第5章的企劃書格式製作即可。

使用格式的一個方便理由是，格式本身就是一個應該掌握的確認清單。這會比寫在一張白紙上方便，也會具有說服力。

不要冀望一開始就寫出完美的企劃書，先把空格填滿吧。

◉根據6W2H做出企劃書的基本格式

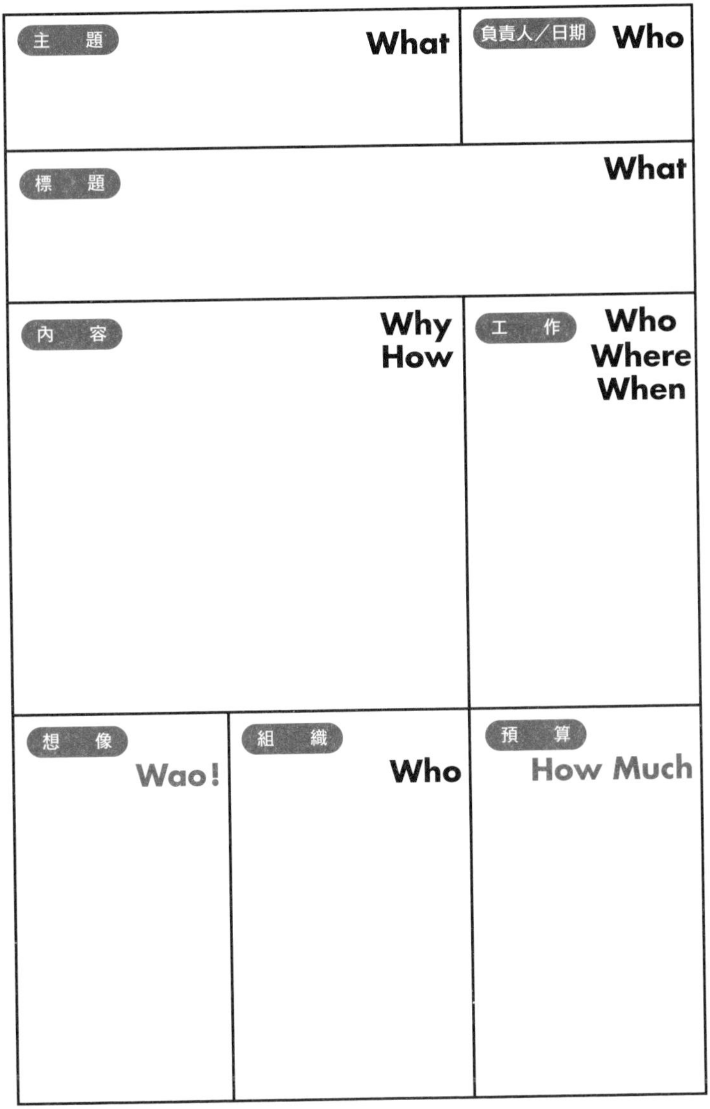

◎筆記本是解決問題的方便工具

製作企劃書之前，我們都會思考很多面向。

本書三六頁也會提到，**勤做筆記是學好企劃的捷徑**，也是在商場上成功的基本功。所以，首先請加強做筆記的能力。

若想要做好筆記，建議手邊隨時都要放一本方便使用的筆記本。如果可以的話，可以在做筆記前先做好**「筆記．問題．課題」的欄位，與「解決問題的啟發．方向性」等欄位**。

就算是小問題也沒關係。如果平常不養成發現問題、思考解決對策的意識，一旦遇到大問題就會手足無措。因此，養成隨身攜帶筆記本，若有任何發現就馬上記錄的習慣，這樣做的效果最好。

重要的是腦中要隨時意識著「問題．課題↓解決」的流程，也經常抱持著「筆記↓（今後的）方向性」等意識。

甚至，不要只靠自己解決問題，簡單地記錄可以幫忙的人，或透過網路搜尋等解決「筆記．問題．課題」，這也是很好的方法。

這些努力都將幫助你培養擬訂企劃的能力。

◉若想要培養企劃能力，隨時攜帶筆記本

問題・課題→解決	年月日	負責人

●主題

(日期)筆記・問題點・課題	解決問題的啟發・方向性	人・組織・外在環境

6 企劃要能成功，不能欠缺人脈

為了讓自己的企劃案獲得採用，也為了讓企劃案成功，平常就要廣結人脈、重視人脈。

◎先整理自己的人脈吧

不僅是「企劃」，其實在商場上，需要眾人的幫助才有辦法成功。

因此，無論你多麼有能力，**如果沒有認同你的朋友，企劃就無法成立，也無法具體實現**。

平常就要注重人際關係的交往，也必須得到主管、長輩對你的讚賞，例如「那個傢伙的想法還滿有趣的……」、「他很有能力……」、「雖然能力還不夠，不過認真努力的態度可取……」等等。

另外，平常就要盡量與別人接觸。

輕鬆地與人交往，一旦有需要的時候，這些朋友就會成為你商場上的助力。無論在公司內外，都應該要有這樣的朋友。人脈是你最大的資源。

請參照左圖，記錄你珍貴朋友存在的重要程度吧。

◉試著記錄自己擁有的人脈吧

■知識人脈 ※智慧網路	■商場人脈 ※包含公司內外等商界上的網路
■血緣人脈・地緣人脈 ※也別忘記配偶的網路	
■校園人脈 ※同學會網路	
■興趣人脈 ※興趣或娛樂的網路	

◎為什麼同樣是企劃書，得到的評論卻不同？

對於企劃或提案的評論，特別是年輕人，要先瞭解一些重點。

正因為沒有實戰的成績，所以資淺的人就算拚命寫，也經常發生對方不認同企劃書內容的情況。相反地，四十歲左右的資深前輩提出想法時，連企劃書也不用寫，就能夠獲得社長的批准。

這是實戰成績的差別，也是經驗的差別。**實績的有無可以影響對方對你的評價**。請想想公司內部與外部的人與自己的「重點分配、平衡狀況」。

年輕人很容易以為「自己的想法不被重視……」。其實，經驗與實績的影響很大。不過，當公司以年輕人或女性的市場為目標時，就會積極聽取年輕人或女性的意見。這時就要積極地發表自己的想法。

如果平常沒有做好基本功，就算有這樣的機會出現，自己的想法也幾乎無法傳達到主管或社長等具有決定權的人的耳中。

在各種狀況中掌握機會，撰寫企劃書、提案書，累積經驗，把這些經驗轉換為實際成績吧。

◉ 累積越多的實際成績與經驗，企劃越容易被採用

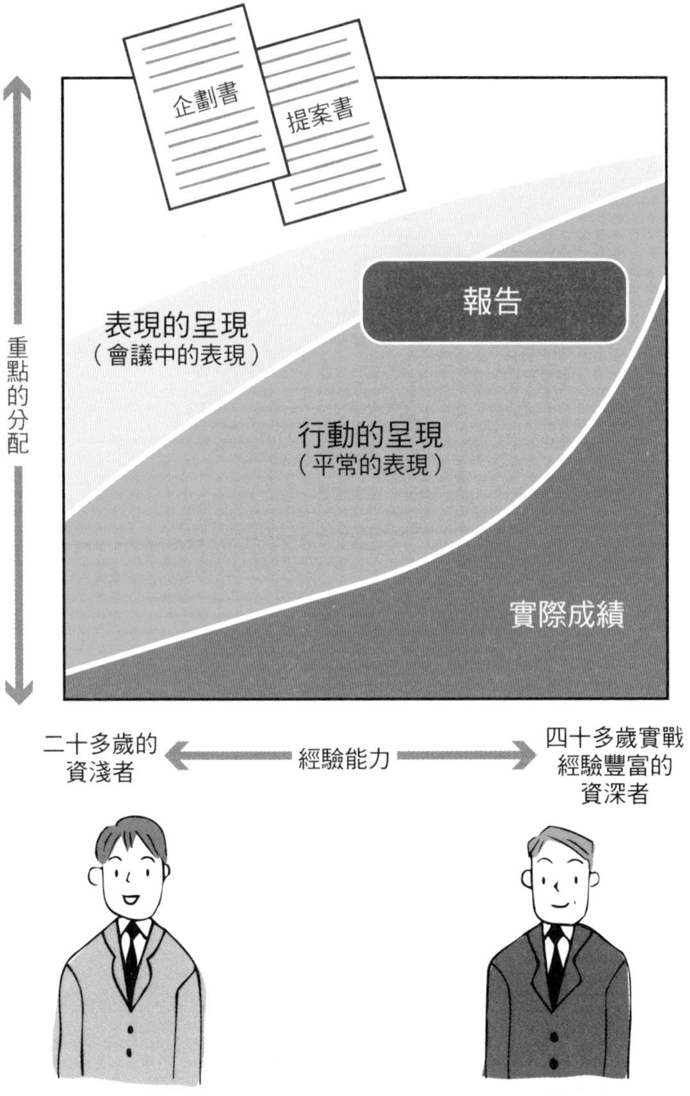

7 勤做筆記是成為企劃高手的捷徑

筆記本與原子筆必備，也可以利用數位相機或錄音筆等各種高科技產品做記錄。

◎知道反省、改善的人不會失敗

在商場上成功的人幾乎都是筆記狂。科學家、技術人員或是知名學者等，毫無例外地都是筆記狂。

大家也都知道達文西與愛迪生等歷史名人是筆記狂吧。據說，達文西連與妓女之間的事也都會做記錄，這樣的行為真是令人感到吃驚，無疑地，達文西真的是徹底執行記錄工作的人。

也有人說「寫日記的人沒有失敗者」。透過每天寫日記的過程，可以反省當天發生的事，也才有機會改善。反省、改善的人不可能會失敗。

日本科幻小說作家，作品被拍成電影《日本沉沒》的作者．小松左京也是筆記狂，同時他的繪畫功力也很厲害。

松下幸之助據說也有做筆記的習慣，他的枕頭邊總是會放著筆記本與原子筆。

◉名留千史的偉人們無一例外的都是筆記狂

◀達文西

Leonardo da Vinci

1452年4月15日～1519年5月2日

義大利文藝復興時代的代表性人物。

以現代話來形容的話，他就是一個超級顧問，既是工程師也是藝術家。從軍事技術到建築他都有涉獵。《最後的晚餐》、《蒙娜麗莎》等知名作品即出自達文西之手。

愛迪生▶

Thomas Alva Edison

1847年2月11日～1931年10月18日

是世界知名的「發明王」，發明了留聲機、燈泡、發電機以及放映機等眾多商品。

他也是有名的筆記狂，據說他經常隨身攜帶筆記本與筆，睡眠時間極短。

◀伽利略

Galileo Galilei

1564年2月15日～1642年1月8日

義大利代表性的科學家，提倡「地動說」，在宗教法庭上被判有罪，後來遭到軟禁。

伽利略改良望遠鏡，觀察月亮，另外他也發現木星。

◎靈活運用企劃人的七項工具

做筆記的工具不限於筆記本跟筆。只要能夠記錄，任何工具都能夠使用。

由於科技進步快速，方便的機器不斷推陳出新。數位相機或攝影機可以記錄相片、影片，所以是時尚或活動相關人士必備的記錄機器。透過這類的機器，可以重現時尚或活動等相關場合的氣氛。會議中也可以使用圖片或影像說明。

另外，在各種運動中幾乎都會使用攝影機，以便在比賽之後進行檢視，查看微小的身體動作，檢討因應對策。

現在的行動電話也都搭載了相機或攝影機功能，非常方便。

以前的錄音機與現在的數位錄音筆，都是會議錄音時不可或缺的工具，也是雜誌編輯等需要做採訪的人應備的工具。

剛進入職場的年輕人，不管是什麼內容都要努力記錄下來，若是負責會議記錄工作的話，就算是自備工具也是應該的。

◉利用高科技，以各種形式留下記錄

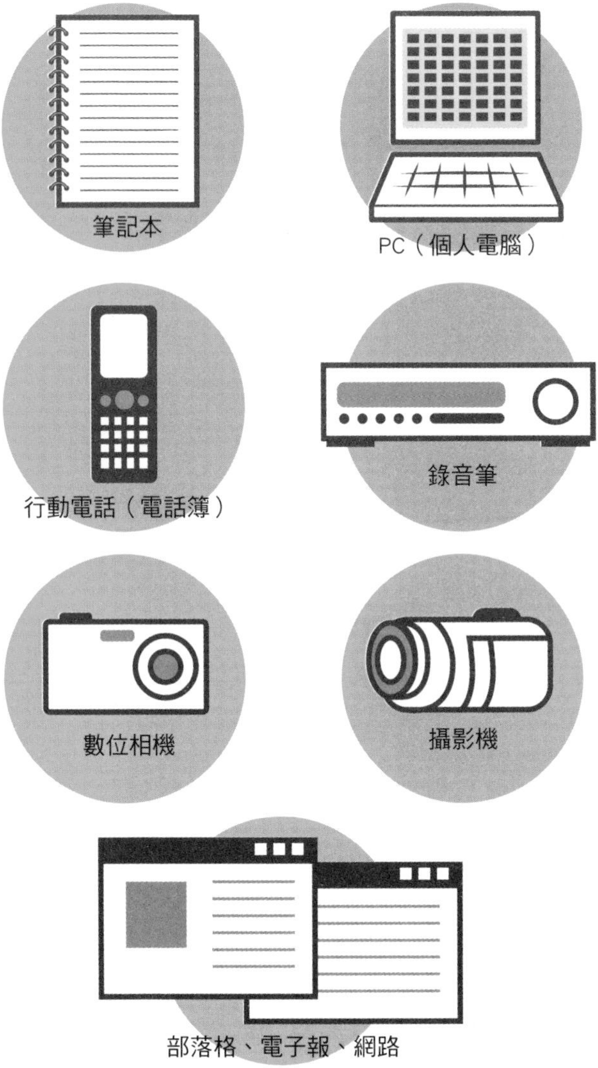

戰國時代優秀的企劃人
織田信長

織田信長是日本戰國時代的武將，關於他英勇的事蹟很多，例如以十分之一的兵力打敗今川義元的「桶狹間之役」（一五六〇年）、以薄弱的兵力打敗武田勝賴的騎兵團的「長篠之戰」（一五七五年）等等。織田信長面對戰役時，總會花心思想出獨特的方法獲得勝利，而不是以古典、常識的戰術迎戰。若在現代的公司裡的話，織田信長可以說是擅於企劃，能夠獨霸一方的創業家吧。

以「長篠之戰」來看，武田軍以其最精銳的常勝軍騎兵團猛烈攻擊織田軍。相對的，織田軍的兵力則毫無招架之力。

當時使用的步槍無法連續射擊，更換子彈也必須花費時間。就算用在一開始的攻擊或狙擊，步槍也無法當成戰鬥的主要兵器。

織田信長利用三段式的射擊法克服了步槍的弱點。第一段射擊之後，換第二段、第三段射擊，第一段的士兵則在第二段、第三段射擊的空檔時填充子彈。利用這種分擔任務的方式想出連續射擊的方法。

織田信長可以說是世界上第一個，把當時沒有戰鬥力的步槍改變為具有綜合性與攻擊性戰鬥力的武器的人。他不僅在世界第一的商業模式中獲勝，也在戰鬥模式中獲勝。織田信長到處開發嶄新的戰鬥模式，也因此成為戰場上的常勝軍。

基本編

第2章

企劃的實踐方法

1 瞭解企劃架構、展開積極行動

把問題視為課題，
為了解決問題積極投入，這就是企劃。

◎深入挖掘問題，思考解決對策

問題無處不在。

業績不斷下滑、人事問題、客戶打電話抱怨……等等，商場上的問題堆積如山。把這些問題當成問題思考，或是為了解決問題而當成課題研究，這對於未來會產生極大的差異。

如果把業績下滑怪罪到不景氣的因素，因為是怪罪到他人身上，所以永遠無法解決問題。

不過，就算面臨不景氣，也有許多企業為了提升業績，而把業績下滑的問題視為一個研究課題，擬訂V型復甦的解決對策，把解決對策具體化。

若想要做到這點，就必須建立健全的機制。那就是深入挖掘問題，思考解決方式。例如，最近，消費者對於電視購物或通知促銷活動的ＤＭ（Direct Mail）都沒有反應，該把這個現象視為問題處理，還是視為課題來研究對策，這時就可以深入思考看看。

◉從面對問題，思考解決對策中產生企劃

消費者對於DM沒有反應！
A社長
B社長
不要製作DM！
認為DM花錢。消費者對於DM沒有反應是因為成本效益太低。
所以不要製作DM！
找出最適當的解答！
消費者對於DM沒有反應可能是對於知識技術所下的功夫還不夠。
進行調查，思考最適當的方法吧。

◎驗證並且積極行動，是通往成功的捷徑

據說最近消費者對於ＤＭ的反應非常不好。而且，初次加入電視購物的通路或打算透過ＤＭ吸引客戶的公司，其購買率與集客率都很差。

從以前就利用這些方法的公司都已經運作得很辛苦了，更何況是沒有實戰業績的公司一下子投入電視購物通路，由於沒有相關的知識技術，反應不好也是可想而知的。

好了，這時Ａ社長說：「成本效益不佳，別做了！」

都還沒有經過數次的驗證，光靠一次的結果就停止政策的實施，這樣的做法對嗎？

搞不好這位社長為了學會高爾夫的揮桿，不知練習幾千回了呢。

其實，許多經營者就算知道高爾夫必須經過無數次的驗證才能打出好成績，但是對於ＤＭ的使用，卻是一次就定生死。

這樣員工怎麼能忍受呢？實際上，對於現況只是一知半解，連小地方都還沒下功夫，只看到寄送一次的ＤＭ成效不彰就喊停。現實中這樣的社長其實還滿多的。

◉重要的是驗證、追求更好的形式、積極行動

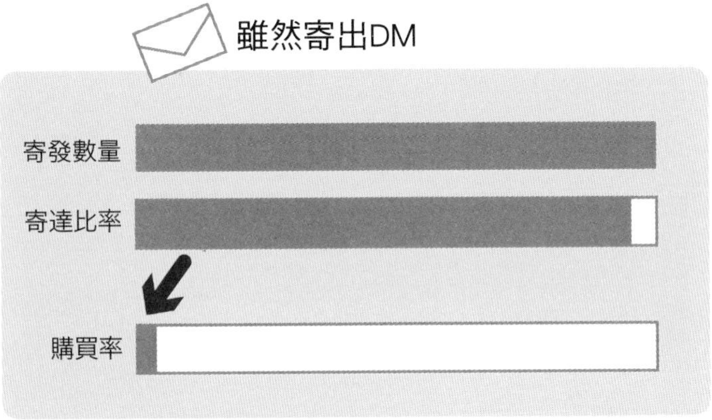

購買率僅有0.5%，
不划算！

社長馬上下令
「不要再寄 DM ！」

沒有驗證並思考對策
是不行的！

但是，社長練習揮桿
卻試了幾千回……

應該把驗證的精神
應用在工作上！

2 「企劃」與「提案」大大不同！

清楚顯示成果的是企劃。
正因為如此，若不實踐就沒有意義！

◎如果沒有清楚算出成本效益，就不是企劃書

首先，請思考企劃書到底是什麼。

一般人都認為描述某個想法的文件就是「企劃書」。不過，如左頁所示，我把企劃書與提案清楚地區分開來。

如果沒有提出具體的問題解決對策，這個企劃就沒有意義。

例如，網頁製作公司、印刷公司、廣告公司等，為了爭取訂單所提出的「提案」，也會標示為「企劃書」。

如果翻看這類文件的內容，會發現收到提案書的公司，看不到這項提案所帶來的成本效益。這樣的內容充其量只不過是「提案書」，而非企劃書。

沒有標出網頁、印刷品以及廣告所帶來的成本效益，也就是沒有清楚說出支出會帶來多少業績。網頁製作公司只不過是為了獲得訂單而便宜行事，把提案書標示為「企劃書」而已。

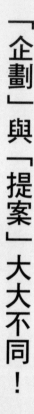

◉企劃不是只有想法而已，還包含具體的解決對策

一般人所謂的企劃書，多半是報告書或想法。

■企劃書

除了解決的方向之外，還寫出具體的機制，清楚的人、物、費用、資訊等流向，也看得出成本效益。

■提案書

雖然多少有些方向，不過沒有提到具體的驗證。還不到詳細的階段。

■想法

多少有點啟發，不過內容一點也不充實。這種程度的東西相當多。

■報告書

寫出問題或課題，離解決對策還很遠。

◎企劃書是「規劃」「對策」的文件。沒有實踐就沒有意義

網頁製作公司、印刷公司或廣告公司等通常是製作網頁、印刷品或廣告，然後再向業主收取費用。就算請款單上列出企劃費這項科目，那也是對於該項製作物的企劃費。

真正的企劃是就算沒有伴隨著製作物的產生，也能夠以「智慧」賺取企劃費。在現今嚴苛的時代中，「達成業績成長的機制」的部分，通常就可以獲得企劃費。

若想透過企劃賺取企劃費的話，就要**透過企劃明白呈現成果**，否則就沒有意義了。

企劃就是「規劃對策」。因此，**企劃書就是「規劃對策的文件」**。總之，「為了達到目的而擬訂對策，並且整理、規劃思考對策」，最後呈現出來的文件就是企劃書。

若想要在工作上獲得成果的話，可以透過所謂ＰＤＳＣ循環的順序進行工作。在進行這樣的循環時，企劃書經常成為指引方針的主軸。所以，進行工作時通常是根據企劃書來進行判斷或行動。

◉若想要確實獲得成果，利用PDSC循環來進行工作吧

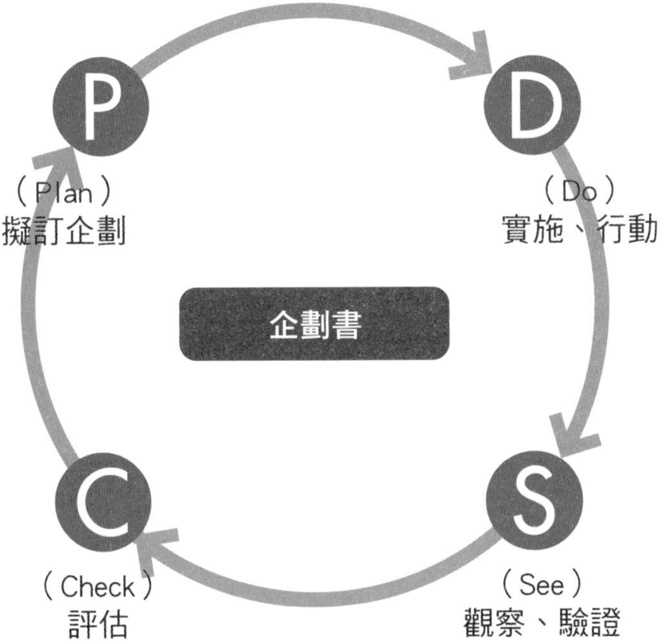

運作Plan（企劃）、Do（實踐）、See（觀察成果）、Check（評估・檢討假設或課題）的PDSC循環時，主軸就是企劃書。

※PDSC循環又稱PDS、PDCA（Action）等，有各種說法。基本上就是指一邊實踐一邊發現問題，並且進行改善，以便能夠更進一步地成長的循環。

3 若想解決問題，就要提出假設

建立假設，解決調查或執行時產生的問題，一邊驗證一邊進行ＰＤＳＣ循環。

◎試著建立多項假設

擬訂企劃時，**建立假設是解決問題的重要「關鍵」**。

所謂「假設／hypothesis」，是指「假定某事實是否為真？」。以前述發行ＤＭ的例子來說的話，「ＤＭ被閱讀的比率低？」就是一種假設。

由於最近資訊量過多，所以ＤＭ就被忽略不看？……現代人通常都透過網路調查，所以跟以前相比，ＤＭ的閱讀降低？就像這樣，因為資訊過多以致於ＤＭ被忽略埋沒，這樣就可以建立「**ＤＭ遭埋沒假設**」。或者，雖然客戶收到ＤＭ，但是因為太過忙碌，以致於沒時間拆封閱讀，這樣也可以建立「**ＤＭ未開封假設**」。

不不，或許客戶已經打開ＤＭ，只是因為很忙，沒有時間細細閱讀，這樣也可以建立「**ＤＭ未讀假設**」。或者，雖然客戶坐下來細心閱讀，但是內容卻艱澀難懂，所以也可以建立「**ＤＭ理解困難假設**」。

◉在PDSC循環中，建立假設是解決問題的關鍵

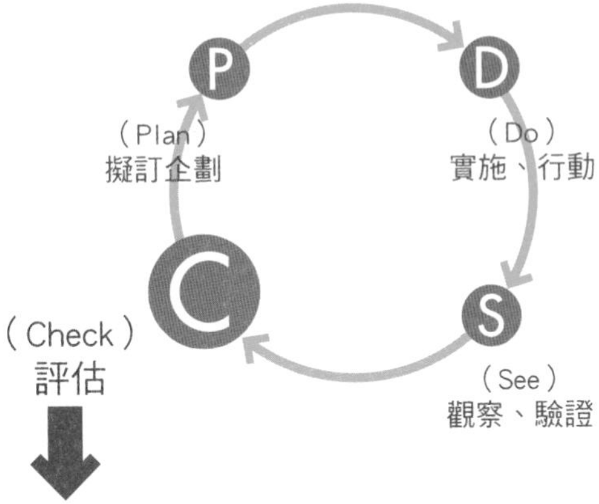

假設（hypothesis）

假設DM遭埋沒	資訊量過多，所以DM就被埋沒。
假設DM未開封	雖然客戶收到DM，但是因為太過忙碌，以致於沒時間拆封。
假設DM未讀	或許客戶已經打開DM，只是因為很忙，沒有時間仔細閱讀。
假設DM理解困難	雖然客戶坐下來細心閱讀，但是內容卻不易理解。
假設CT不一致	DM的概念（concept）與目標（target）不一致。
假設地區不一致	DM的寄送對象錯誤。

◎建立「假設」，並且「企劃」、「實踐」、「驗證」

更進一步地也可以考慮「**CT不一致假設**」（DM的概念〔Concept：商品、服務的特性〕與目標〔Target：目標客戶〕不一致）。

例如，把別墅或高級公寓等房地產的廣告DM寄給二十多歲的年輕人，相信對方的反應一定不熱絡吧。或者，在老年人口多的地區發送滑雪、滑雪板的旅行優惠套裝DM，應該也是沒有什麼意義吧。

把DM寄給不對的人，對方沒有反應也是可想而知的。

為了不要得到那樣的結果，必須**事先建立假設，並且進行討論**。

在寄送DM之前先進行各式各樣的調查，或是到現場查看等，然後建立假設。有時候光是進行調查，就可以達到確定成功的程度。**進行行銷、企劃時，「假設」很重要，如果沒有假設的話，就無法著手進行調查或做任何事**。

就像這樣，以假設為中心，然後運作Plan（企劃）、Do（實踐）、See（觀察成果）、Check（檢討假設的建立或課題的形成）之PDSC循環。

◉透過事先建立假設就可以進行調查、驗證

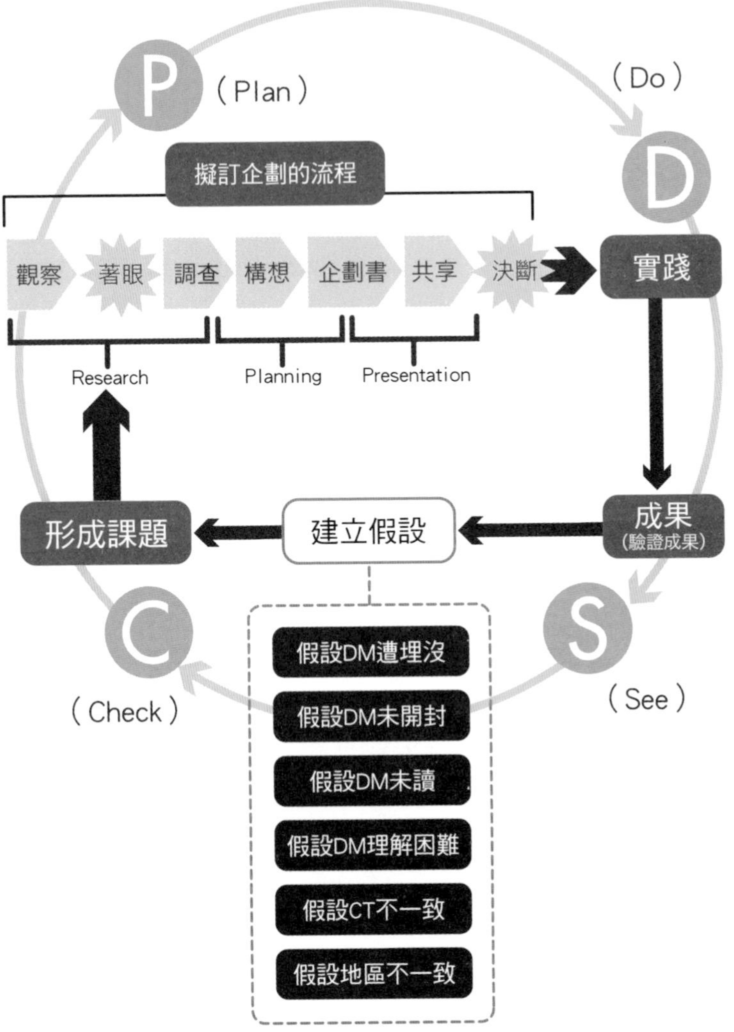

4 把問題的解決對策做成新的企劃

把業績下滑的重大問題視為一個課題，利用企劃書整理對客戶的宣傳方式。

◎把業績下滑的重大問題視為一個課題，擬訂新的企劃

以我的公司為例好了。我在一九八八年創立的函授教育講座「企劃塾」，每年的營業額接近一億日圓，營業的型態極為單純。

相對於應付閱讀出版品之後來電詢問的讀者，我的公司只是透過ＤＭ邀請客戶聽講，也就是透過郵購的方式銷售函授教育課程。

一個講座達到一億日圓的營業額，這在函授教育課程中真的很罕見。

然而，進入九〇年代之後，包含具有品牌力與營業能力的大型教育機構等十多家競爭對手陸續出現，利用ＤＭ而產生的聽講率驟降。而且業績並非逐漸滑落，而是驟減到最高營業額時的三十分之一。

若是一般的公司的話，那就是破產了。不過，如果就這麼接受這樣的結果，而從市場退出的話，我就沒辦法以企劃達人的身分維生了。

◉營業額只剩三十分之一，陷入破產危機！

全盛時期
營業額達一億日圓
的函授課程
由於競爭對手
出現，導致
業績下滑
寄出6,000份DM，
聽課的卻僅有30人
（購買率只有0.5%）
營業額只有三百萬日圓!!
營業額驟減！
一年營運成本
約2,500萬日圓
把這個問題視為一個
課題，擬訂新的企劃案

因此，我把這個問題當成一個課題，擬訂一個V形復甦的企劃案。

◎擬訂企劃，以企劃書的形式呈現

公司企劃新事業時，一般人總以為這是企劃部門的工作。不過，也有針對問題擬訂解決對策的企劃。

以往都是寄送DM，透過DM等待「報名」而直接產生業績，這種經營事業的方法真是太過簡單了。

在沒有競爭的時代中，這樣的方法或許可行。不過，當競爭對手一出現，顯然我的公司沒有及時推出比競爭對手更好的對策。

既然以往的方式已經行不通了，那就要好好地設計與目標客戶溝通的方式。於是，我不再單純地寄送DM，依照目標客戶的心理狀態，謹慎地與目標客戶進行溝通，依循著縝密的PDSC循環，重新來過。

在這裡先試著以一頁的內容，簡單呈現我的企劃內容。

◉以一頁的篇幅寫出爭取目標客戶的企劃書

V形復甦

企劃塾「函授教育講座」· 起死回生專案

負責人

函授教育負責人　森田

現狀與目標

業績從最盛時期驟降，可以說是陷入面臨倒閉的狀況。

在1989年最盛時期當中，函授教育講座的一年業績有一億日圓。相對於此，1993年預估會掉到只有300萬日圓。

一般來說，這樣的水準只有結束營業一途，不過，現在希望能夠明確地找出問題點，徹底執行對策，以其達到V型復甦的目標。

問題點·課題

競爭的問題

- 敝公司是單純的函授通路。
- 競爭對手能夠在企業中提供人力支援，因此組織授課的業務被搶奪。
- 法人組織的需要，從以前敝公司only one的時代，到現在的0%。
- 取得個人需要。不過，競爭對手也以低價策略搶奪市場。
- DM的溝通功能。
- 由於競爭對手出現的關係，目標客戶之間的資訊錯綜複雜，詢問率驟減。
- 開封率差、詢問量驟減。
- 必須徹底實踐與目標客戶溝通的對策。

解決對策

接近顧客（接近目標客戶）

- 基本上，對於與目標客戶無法進行溝通的狀況，擬訂基本的解決對策。
- 建立比競爭對手更能夠與目標客戶溝通的機制。
- 針對法人組織的需要，由於缺乏與對手競爭的能力，現階段選擇退出。
- 對於接受詢問且已寄送DM的目標客戶，透過電話溝通，瞭解目標客戶的詳細資訊。
- 依狀況進行促銷溝通。
- 在各地對於目標客戶舉辦說明會。

外在環境

80年代後半NTT民營化、各大企業多角化經營以及投入新事業等，商業上的知識武裝不斷發展，市場上需要各種提案的情況也越來越多。無論在公司內外，企劃書的必要性更形重要。

競爭環境

敝公司成立兩年後，日本效率財團、東京能率大通信部也加入市場。此外，法人教育的龍頭企·教育研究所加入市場後造成的影響很大。另外還有〇〇綜合研究所、〇〇人才開發等等，競爭對手超過十家以上。

組織·預算

組織

以既有的組織彈性地對應，實施現有的促銷方案。

預算

- 全面修訂手冊等促銷工具。
- 算出在全國各地舉辦說明會的預算與出差預算。
- 說明會將在東京　大阪　名古屋　仙台　福岡等五大都市舉辦。東京將舉辦三場以上，大阪、名古屋將舉辦兩場以上。將規劃預算措施。

5

利用圖解有助於相關人士的理解

有效地運用圖解，可以讓相關人員更加瞭解企劃書的內容，也容易得到協助。

◎利用圖解呈現，可以一目了然

前頁以一頁的篇幅擬訂一份企劃書。

更進一步地，為了讓工作更容易瞭解，**可以利用圖解明確標示出實施前與實施後的狀況**。

這裡抽出前頁企劃實例中「解決對策」的部分，以圖解的方式具體呈現Before（**以往的銷售方式**）與After（**新的企劃案**）。

如果兩相比較的話，就很容易瞭解兩者的不同點，也能夠輕鬆地獲得與會者的認同。

跟以往不同的是，新的企劃案增添了「電話追蹤」、「通知說明會」、「舉辦說明會」、「事後連絡」等步驟，讓目標客戶瞭解商品、服務的內容。

◎可以使用圖解，呈現接近實際行動的狀況

更進一步地，進入實際的工作階段時，也可以運用圖解的方式呈現，讓瑣碎的工作容易明

◉企劃書要使用一目了然的圖解

V形復甦 企劃塾「函授教育講座」· 起死回生專案	**負責人** 函授教育負責人 森田

解決對策 01

解決對策包括重新檢視DM內容，重新檢視相關的促銷工具。
特別是利用電話溝通以及設定在全國各地舉辦說明會。
透過圖解的方式，明確標示業務進行的流程。

解決對策的具體流程 01

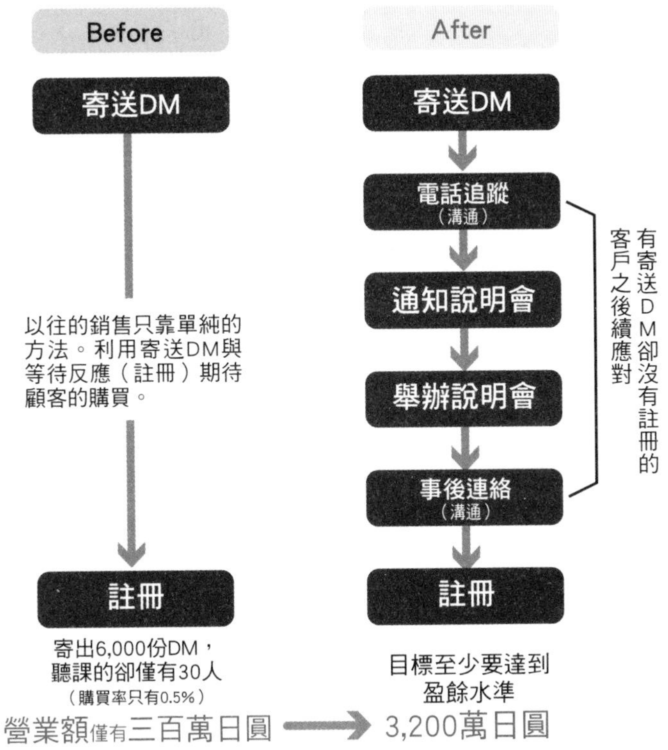
Before
寄送DM
以往的銷售只靠單純的方法。利用寄送DM與等待反應（註冊）期待顧客的購買。
註冊
寄出6,000份DM，
聽課的卻僅有30人
（購買率只有0.5%）
營業額僅有三百萬日圓
After
寄送DM
電話追蹤（溝通）
通知說明會
舉辦說明會
事後連絡（溝通）
註冊
有寄送DM卻沒有註冊的客戶之後續應對
目標至少要達到
盈餘水準
3,200萬日圓

白。

比起利用文字說明，圖解在工作的解說上非常方便。在這項企劃案中，如果是「0. 索取資料」，接下來就「1. 輸入ＤＢ」，然後「2. 寄送ＤＭ」。把「3. 電話追蹤」的結果分類為Ｙ（Yes）的註冊客戶、Ｎ（No）的拒絕客戶以及Ｇ（Gray）的尚未決定客戶等。特別是把「Ｇ客」鎖定為邀請參加說明會的對象。

如五七頁的企劃書所示，**方針可以透過文字共有，不過如果化為圖解的話，共享的程度更高也更快**。甚至一旦落實到工作層面上的話，不利用圖解說明就不容易理解，也容易產生錯誤。

就如同製造機械或建築物等物品時，通常不是靠文字的說明，而是透過圖解詳細解釋一樣，請一定要習慣這樣的圖解方式。

關於圖解的各種表現技巧，將會在第5章詳細說明。

◉如果瑣碎的工作也以圖解表示，就會提高整體組織的理解程度

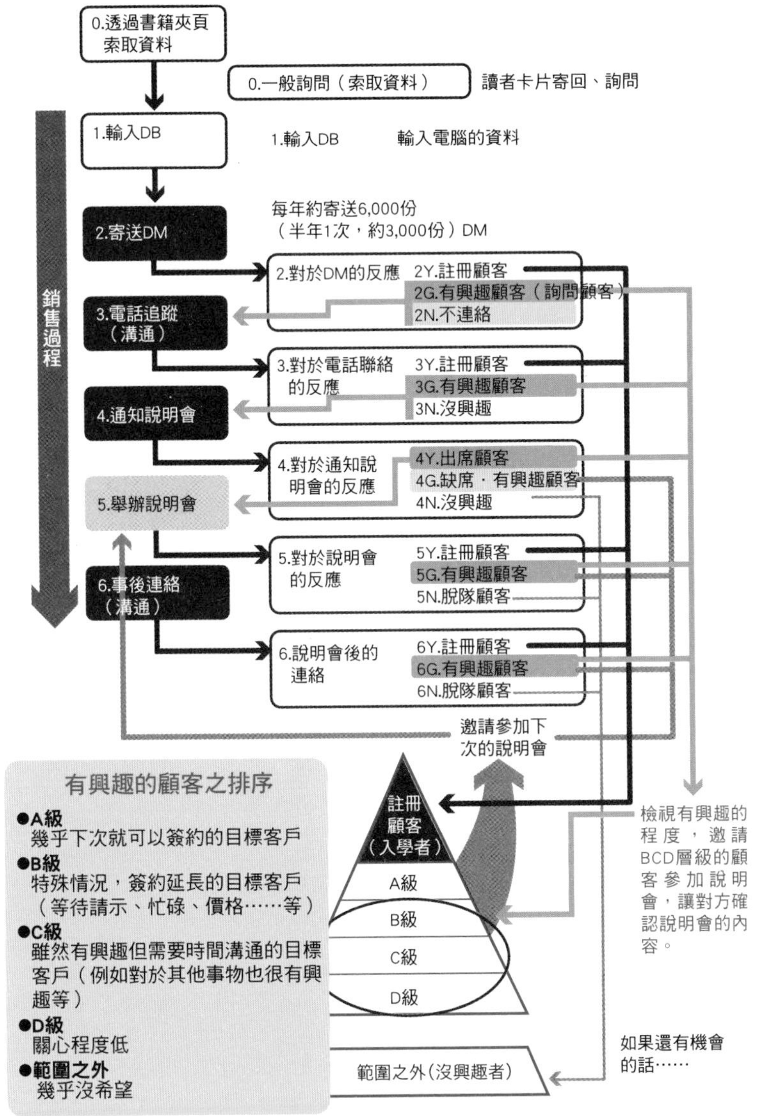

6 唯有透過實踐，企劃才得以成立

在實踐企劃的過程當中，假設的精確度變得清晰，透過徹底實踐就可以獲得成果。

◎在實踐當中，假設就會變得明確

一旦企劃付諸實踐，前面想到的各種假設應該就會變得越來越明確。

以五一頁的例子來說，「DM遭埋沒」、「DM未開封」、「DM未讀」、「DM理解困難」等各種假設，就變得越來越清楚。透過單純寄送DM而無法瞭解的問題，都在打電話給顧客、實踐調查．促銷溝通的過程中得到確認。

以往DM的管理只能判斷「寄送數量」、「寄達率」、「購買率」。不過，如左圖所示，現在也都看得見「開封率」、「認知率」、「理解率」、「意願率」等指標。透過電話溝通，當時不太清楚的指標也都明白浮現了。

例如，針對「DM理解困難」的假設，除了DM或電話解說之外，在各地舉辦說明會，邀請民眾參加以提高民眾理解程度的方法，就非常有效。

◉在實踐當中，假設會變得明確而成為指標

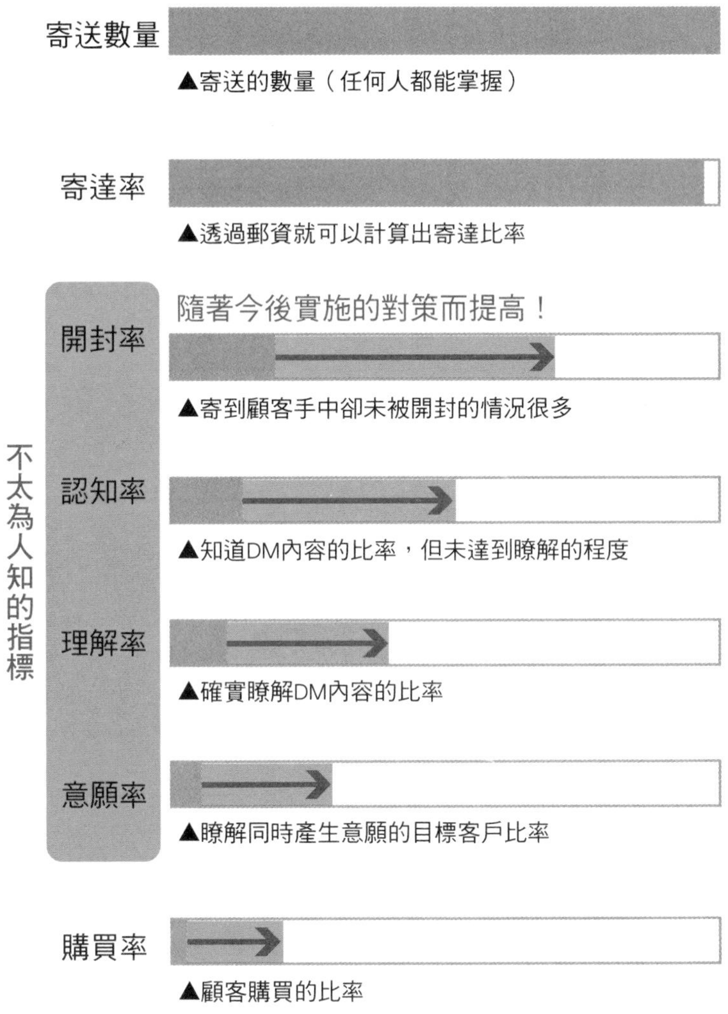
寄送數量
▲寄送的數量（任何人都能掌握）
寄達率
▲透過郵資就可以計算出寄達比率
隨著今後實施的對策而提高！
開封率
▲寄到顧客手中卻未被開封的情況很多
不太為人知的指標
認知率
▲知道DM內容的比率，但未達到瞭解的程度
理解率
▲確實瞭解DM內容的比率
意願率
▲瞭解同時產生意願的目標客戶比率
購買率
▲顧客購買的比率

◎實踐企劃才會獲得成果

如前頁的圖所示，若想要提高「開封率」、「認知率」、「理解率」、「意願率」的話，該採取何種方法呢？關於這點我將補充說明。

首先要實際打電話詢問：「請問您看過DM了嗎？」

這時就會得到「只瞄了一眼……」、「啊，好像有收到……」、「我還沒開信……」等等的回答，表示相對於索取資料的人，沒有確認內容的人很多。

這時大致上就可以確認DM的開封率。

對於尚未開信的人就可以叮嚀：「請您務必打開DM看看。過兩天我再打電話過來。」並結束談話。

這麼一來，在幾次的電話訪問中，就能夠做好與目標客戶之間的溝通。

實際上，在DM滿天飛的現代社會中，顧客處於資訊氾濫的狀態。這就是為什麼顧客會產生不看DM的傾向。開封率不到十%的情況一點也不稀奇。

不過，很多案例都顯示，努力地提醒顧客開信，更進一步地讓對方瞭解DM內容，如此開封率就會大幅提升。以這個例子來說，這樣的努力與什麼都沒做相比，開封率就增加十九倍之多。

這正是**實踐之後企劃才得以成立**的最佳說明。

◎實踐新的企劃就能夠解決問題

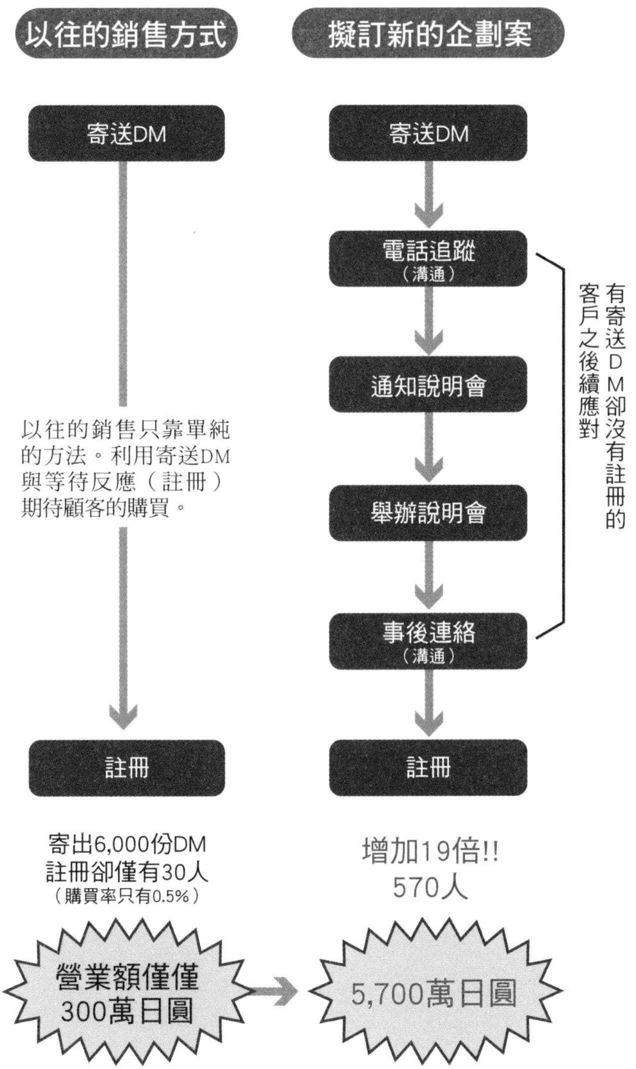
以往的銷售方式
擬訂新的企劃案
寄送DM
寄送DM
電話追蹤
（溝通）
通知說明會
舉辦說明會
事後連絡
（溝通）
有寄送DM卻沒有註冊的客戶之後續應對
以往的銷售只靠單純的方法。利用寄送DM與等待反應（註冊）期待顧客的購買。
註冊
註冊
寄出6,000份DM
註冊卻僅有30人
（購買率只有0.5%）
增加19倍!!
570人
營業額僅僅300萬日圓
5,700萬日圓

7 清楚確定時間表

若要實踐企劃，必須想像實際的工作情況，擬訂詳細的時間表，掌握各項指標及預算並挑戰之。

◎實踐企劃時要設定詳細的時間表

進行工作時，時間表是不可或缺的工具。

大部分失敗的交易，都是因為時間表失敗的緣故。更詳細來說的話，在執行交易的過程中，經常會發生必要的東西不足的情況。因為這樣的緣故，導致時間表中斷而得不到完美的結果，或是產生工作延遲的情況。

特別是創業之際，很容易發生無法預期的突發狀況，導致當初的預定事項遭到中斷，或是多餘的工作量阻擋了原先的進度。像這種在目標期間內無法達到業績的狀況，經常導致公司營運到一半，卻面臨破產的下場。

為了避免這樣的結果，必須事先想像詳細的作業情況，明白呈現製作物的內容，並且詳細地把與目標客戶、市場的溝通進度化為時間表。這樣就一定會一步步地往目標前進。企劃就是一連串相當瑣碎的作業。

◉擬訂時間表時，要仔細地想像各項瑣碎的工作

主題

V形復甦
企劃塾「函授教育講座」· 起死回生專案

負責人

函授教育負責人 森田

解決對策 01

解決對策包括重新檢視DM內容，重新檢視相關的促銷工具。
特別是利用電話溝通以及設定在全國各地舉辦說明會。
透過圖解的方式，明確標示業務進行的流程。

時間表

期間	工作	內容記錄
5／25 6／ 5	實施事前調查	也是為了驗證假設，調查基本流程的設定是否恰當。
6／ 8	設定基本流程	設定基本流程，設定各種製作物的基本方針。
6／15	訂購製作物	清楚確定宣傳手冊等製作物的概念，並發包製作。
6／22	製作手冊	詳細制定工作手冊內容，以便讓工作順利進行。也製作相關的業務工具。
6／24	寄送DM	寄送DM。
6／29	電話追蹤	實施電話追蹤，掌握顧客的需求層級（排序）。
7／13	舉辦說明會	在全國各地舉辦說明會，事前確定場地與設定預算。
7／15	事後連絡	進行事後聯繫，促銷。
8／31	促銷期間結束	往目標數字前進，在期限內達到最終目標。

◎等待指標，挑戰問題的解決方式

企劃就是「規劃對策」，所以一定要清楚確定這項規劃是否有效。

假設營業額來自於以下的簡單算式：

營業額＝DM寄送數量×購買率×單價

那麼就可以得到如下的指標數字：

營業額＝DM寄送數量×開封率×認知率×理解率×意願率×購買率×單價

也就是說，為了提高開封率而使用電話，為了提高理解率、意願率而舉辦說明會。進行電話追蹤、事後電話聯繫等「電話作業」時，就可以與目標客戶進行溝通，也能夠提高理解率以及意願率。

清楚確認這樣的指標，就會帶來大幅成長的業績。

無論在什麼樣的狀況下，都要把問題化為課題，擬訂解決對策。不過，重要的是**在解決對策時，要擬訂明確的方法，並且挑戰目標。**

◉在實踐的過程中，把明確的指標納入解決對策之中

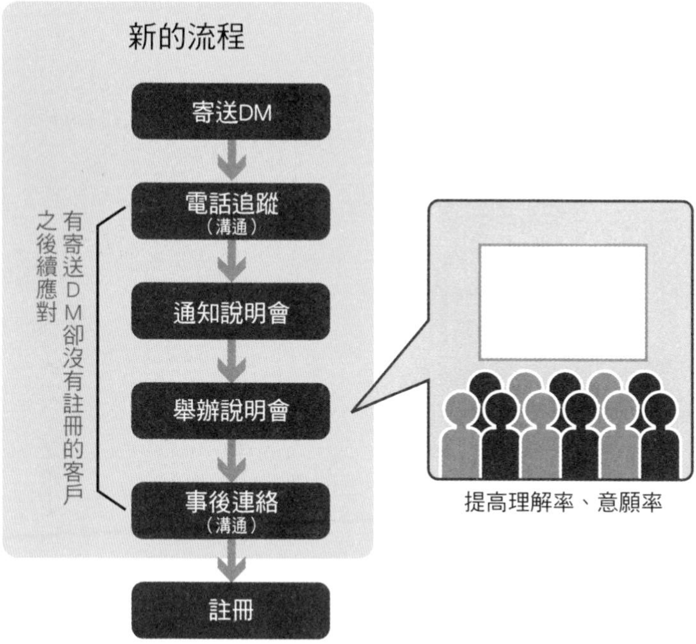

▼以往

營業額＝DM寄送數量×購買率×單價

▼新的流程

營業額＝DM寄送數量×開封率×認知率×理解率×意願率×購買率×單價

●以往的對策只在DM上花心思處理。相對於此，由於設定了新流程，使得提高開封率、認知率、理解率、意願率的對策變得明確。如果提高這些指標的話，業績也會跟著提升。所以，想辦法提高這些指標，也是屬於小企劃。

受歡迎的企劃也可以改變季節的風俗習慣

日本人每逢土用之丑日 譯注2 就會吃鰻魚飯以增加精力——這是已經滲透到大眾生活中的風俗習慣。不過，根據可靠的說法，這原來是江戶時代的學者平賀源內（一七二八～一七八〇）所想出來的點子。

根據描述當時社會情況與風俗民情的《明和誌》的文獻記載，因為夏天業績低迷而苦惱不已的鰻魚店老闆，請教平賀源內提高業績的方法，於是平賀源內想出這麼一個企劃案。

平賀源內想出「今天是土用之丑日」的文案，並讓店家張貼在店門口。結過這樣的宣傳奏效，鰻魚店的生意大好。在那之後，這樣的方法也影響了其他的鰻魚店，結果在土用之丑日吃鰻魚飯的習慣，就這樣固定下來了。

與「土用之丑日」這種宣傳企劃相關的風俗習慣，還有大家所熟知的情人節送巧克力的習慣，以及在三月十四日回送白色巧克力的習慣。

最近，越來越多人習慣在二月立春那天吃「惠方捲」，也就是吃大的捲壽司。這最早也是江戶末期，大阪商人為了祈求生意興隆而開始的企劃案。在那之後，受到海苔業界與超商的促銷活動的影響，這樣的習慣從關西地區急速地擴展，最後普及到日本全國。

可見受歡迎的企劃，甚至具有改變社會習慣的影響力呢。

譯註2：指立秋前十八天。

訣竅編

第3章

精通圖解表達

1 做成圖解後就能掌握全貌

圖解有助於掌握整體樣貌，也具有清楚解釋複雜的商業情況的優點。

◎對於複雜的商業情況，利用圖解表現是必要且不可或缺的手段

不只是商場上，觀察各種事物時，**如果以圖解的方式呈現，就會非常容易瞭解其中的關係**。越是複雜的事物，若不化為圖解就無法瞭解。

日本的製造力全球知名，在製造的過程中缺少不了設計圖。事實上，在製造的過程中要先製作出精緻的圖面，才能成功地製作物品。

商場是非常複雜的，正因如此，圖解更為重要。

為了簡單地讓讀者瞭解，左頁以「圖解」與「文字」兩者解釋公司的組織圖，並且進行比較。

各位讀者認為左頁的圖解或文字敘述，哪一個比較容易明白呢？應該是圖解的說明比較簡單易懂吧。若想要在商場上成功的話，請一定要記得利用圖解思考。

◉越是複雜的事物，利用「圖解」說明就越容易明白

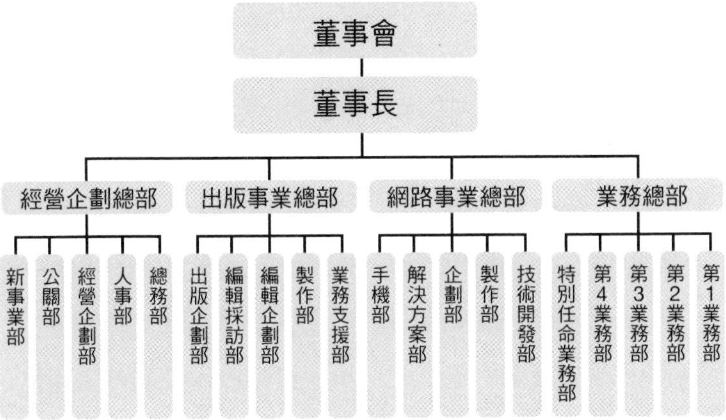

圖解與文字

哪一種方式你比較容易瞭解？

本公司採取事業部制度，事業部門分為業務總部、網路事業總部、出版事業總部以及經營企劃總部等四大部門。

業務總部又分為五個業務部，分別是依照地區別編制的第1～第4業務部以及特別任命業務部。網路事業總部則由技術開發、製作、企劃、解決方案以及手機等五個部門組成。出版事業總部底下有業務支援、製作、編輯企劃、編輯採訪、出版企劃等五個部門。

另外公司的經營行政部門，也就是經營企劃總部，由總務、人事、經營企劃、公關以及新事業等五個部門組成。

◎以圖解報告進行公司會議

任何一家公司都會開各種大大小小的會議。若是大公司的經營或企劃部門，花一整天時間開會更是經常可見。

會議中會使用許多開會時需要的文件，甚至是記錄各地方業績的經營數字，或是競爭對手、相關業界的調查資料等等。會議資料中的文件通常是以Word軟體製作，數字資料則是利用Excel軟體做成。

最近，利用PowerPoint進行簡報說明的方式逐漸流行。乍看之下，這樣的簡報方式好像很了不起。不過，由於PowerPoint是依照順序說明，所以如果說明的頁數太多，反而會產生不容易掌握整體狀況的缺點。

針對這樣的情況，如果有效地利用圖解說明，就非常容易明白了。

如左圖所示，由於清楚確定組織與路線圖，所以與會者就能夠以「明白」的前提進行會議。

透過圖解的運用，能夠清楚地掌握整體樣貌，如此就能夠共享資訊。

◉圖解有助於掌握整體的樣貌

主題 業務相關資訊的一元化 整理錯綜複雜的需求資訊	負責人 製造部 勝野

解決對策 01

在業務資訊一元化的會議中，針對各部門之間或來自市場的要求資訊的檢討，由於缺乏相關組織或路徑的說明圖，所以每個人的判斷應該都不夠明確。

透過圖解，必須確定業務的流程，同時正確地解決面對的課題。

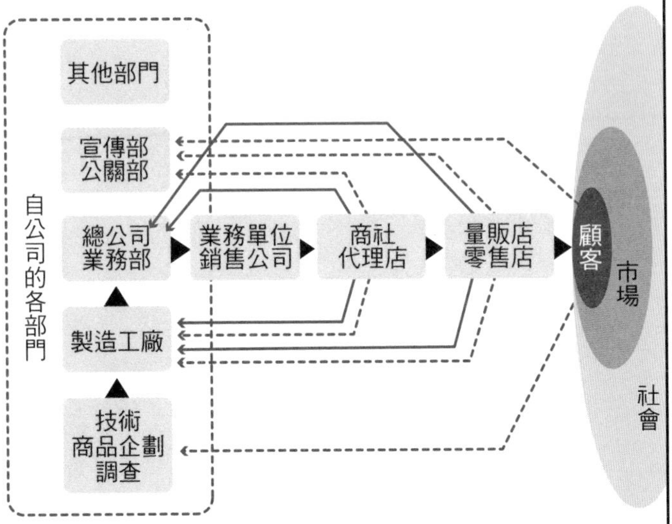

2 設計圖之於技術，就像企劃書之於企劃

企劃書就如同商場上的設計圖。
未來的社會，無論在任何情況下都需要企劃書。

◎在未來的商業社會中，「企劃」是致勝關鍵

日本在經濟高度成長期中，達到了世界其他國家所無法比擬的成長，這是眾所皆知的事實。事實上，因為這樣的緣故，日本培養了大量的技術人才。

在第二次世界大戰中，戰敗的日本對於與美國的技術能力之差距感到相當震撼。為了彌補這當中的差距，日本各縣廣設工業大學，或是在大學裡成立工學部，為了培養技術人才而做出最大的努力。後來，工科的學生們陸續進入公司就業，結果提高了日本的技術能力。從七〇年代到八〇年代之間，日本成為世界的製造國大國，也成為生產大國。

後來亞洲各國陸續產生自覺，以富足的日本為榜樣前進，現在逐漸進入亞洲的時代，也就是這個緣故。

如果說，以製造物品為主的工業社會的基礎是「技術」，那麼，可以說**未來的社會，也就是資訊社會的基礎技術是「企劃」**。能夠與設計圖對照的就是「企劃書」吧。

◉在資訊社會中，「企劃書」是基礎技術

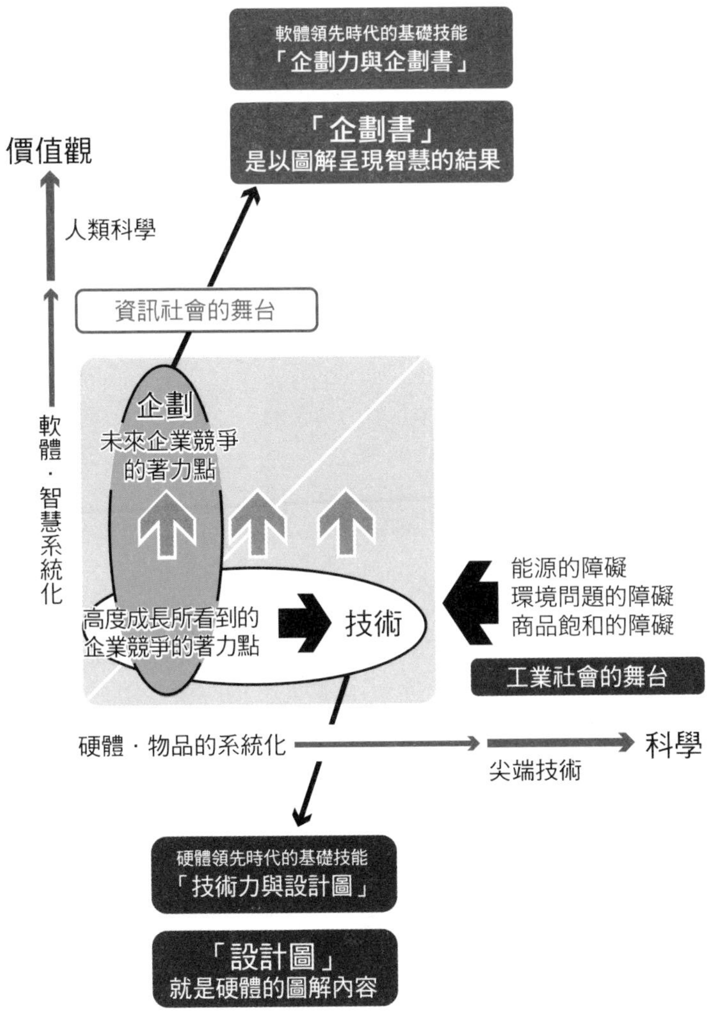
軟體領先時代的基礎技能
「企劃力與企劃書」
「企劃書」
是以圖解呈現智慧的結果
價值觀
人類科學
資訊社會的舞台
軟體・智慧系統化
企劃
未來企業競爭
的著力點
高度成長所看到的
企業競爭的著力點
技術
能源的障礙
環境問題的障礙
商品飽和的障礙
工業社會的舞台
硬體・物品的系統化
尖端技術
科學
硬體領先時代的基礎技能
「技術力與設計圖」
「設計圖」
就是硬體的圖解內容

現在，任何場合都需要企劃，也是需要企劃書的時代。

◎企劃書是經營公司時不可或缺的設計圖

製造物品時一定需要「設計圖」。一般而言，設計圖以立面圖、平面圖與側面圖等「三面圖」組成。只要看這三面圖就知道要製作什麼。若想要更詳細地掌握的話，就要畫出顯示零件組合過程的「組裝圖」。

另外，在化學的世界裡有化學式，在電器的世界裡有電路圖做為共通語言。這些是讀理科、技術性科系的人們在高中、大學等入門階段時，都必須學習的基本知識。

不過，以事業企劃或業務為主的文科教育，並沒有教導學生學習這領域的共通語言，也就是學習企劃書的撰寫方法或是清楚的圖解方式。因此，文科出身的人比較傾向以簡單的條列式或數字排列呈現自己的想法。

商場上的情況非常複雜。若想要解除、突破這樣的狀況，必須把現狀化為圖面，而企劃書就相當於推動事業時的基礎圖面。

◉經營公司的設計圖就是「企劃書」

❶ 1・事業方針與目標
事業方針與目標
❷ 2・概念圖（事業的全貌）
事業企劃書
（描繪事業的整體樣貌・概念圖）
❸ 3・基本系統（事業的基本結構）
事業的基本結構
❹ 4・子系統（個別部門的結構）
個別部門的結構
❺ 5・結構
行銷企劃書
❻ 6・相關工具一覽
各種工具企劃書
❼ 7・企劃的背景
企劃的背景
❽ 8・收支計畫
收支計畫
❾ 9・時間表
時間表

3 先充分瞭解圖解的種類

圖解大致分為四大類，
企劃書的核心是說明因果關係的「因果圖」。

◎各種圖解的表現方法

圖解的表現有各種不同的方式。不過，如果依照目的來區分，可以分為「**企劃書**」、「**圖解**」、「**引人注意**」與「**分析**」等四大類。

「企劃書」的基本架構是以說明因果關係的**因果圖**為主。另外，呈現作業程序的**階段圖**也經常使用。

「圖解」是為了掌握整體樣貌而使用的，大致可以分為四種，分別是**關係圖**、**變異圖**、**相關圖**以及**座標圖**等。

「引人注意」的繪圖指**插圖與圖像**。完全以圖解表現也有難以說明的部分。不過，如果有繪圖，就會產生親近感而更容易瞭解。

「分析」，特別是分析資料時，**圖形或表**都很方便。

左表概略地整理以上的內容。最上列所條列出來的是不同圖表各自擅長的表現部分。以下先

◉圖解的種類與擅長的表現

■企劃書

	展開論述	預測未來	上下關係	順位關係	類似關係	相關關係	流動狀態	業務順序	物體理解	比較對象	想像
因果圖	●	○		○				○			
階段圖	●			○				●			

■圖解

		展開論述	預測未來	上下關係	順位關係	類似關係	相關關係	流動狀態	業務順序	物體理解	比較對象	想像
關係圖	垂直關係圖			●	●	▲					○	
關係圖	階層圖		▲	●	●	▲					○	
關係圖	順位關係圖		▲	●	●	▲					○	
關係圖	水平關係圖					●	▲	▲			○	
關係圖	流程圖		▲					●	●		○	
關係圖	網狀圖		▲					●	●		○	
關係圖	循環圖		▲					●	●		○	
變動圖			●				●				●	
相關圖			○				●				●	
座標圖			○				●				●	

■引人注意

	展開論述	預測未來	上下關係	順位關係	類似關係	相關關係	流動狀態	業務順序	物體理解	比較對象	想像
繪圖									●	○	●

■分析

	展開論述	預測未來	上下關係	順位關係	類似關係	相關關係	流動狀態	業務順序	物體理解	比較對象	想像
圖形		▲	▲	▲	▲	●	▲			●	
表			▲	▲	▲	●				●	

● 非常方便使用
○ 多多少少可以使用
▲ 可以根據資訊狀況使用

從因果圖開始介紹吧。

◎利用圖呈現因果關係，就可以做出會議記錄或企劃書

所謂因果圖，就是清楚呈現因果關係的圖解。

在商場上有各種表現方式。大部分的情況都是直接討論因果關係，以討論的結果做出決定。

讓我們來看看左圖的情況吧。

如左圖上方所示，有問題（原因）的欄位與解決（結果）的欄位，兩者以箭號連結，就成為因果圖的基本圖形。

商場很複雜，所以因果關係互相糾纏，且相互影響。首先是有因才有果，不過，這個果又成為另一件事情的因。在會議中如果說「……所以業績才會做不起來」、「對象不對，所以才會賣不出去」，就是在討論因果關係。

如果原因與結果錯綜複雜的話，光以對話討論的會議，是無法得出任何結果的。正因如此，所以要如左圖下方那樣，**整理多數因果關係的各種連鎖反應，並且做出企劃書。**

◉企劃書中，因果圖是最基本的架構

企劃書是由說明因果關係的連鎖（連續）而成立的

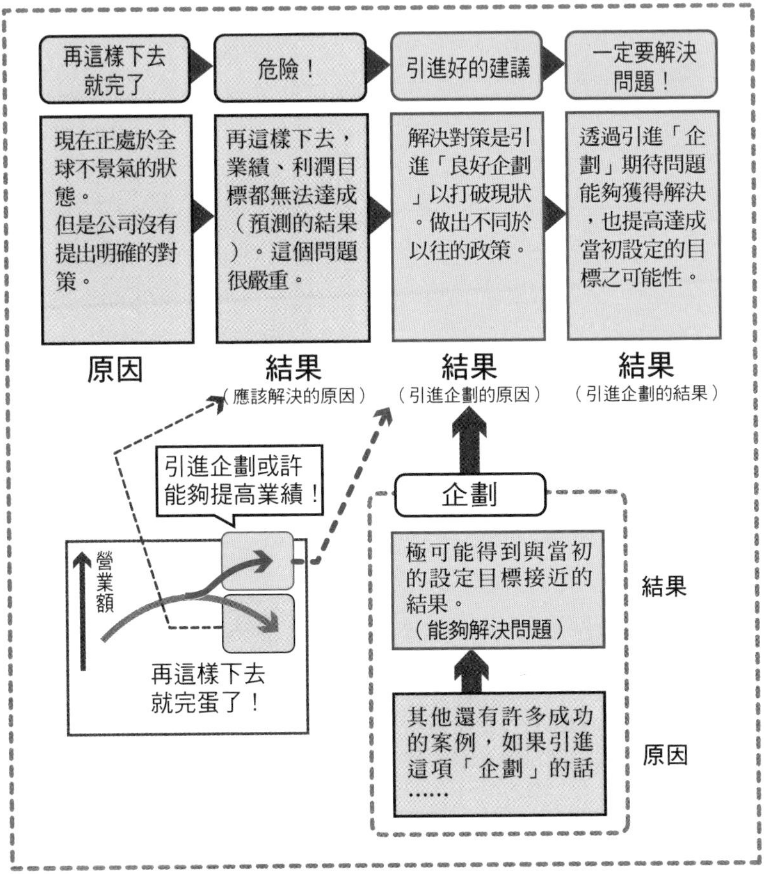

4 靈活運用變動圖

若以變動圖呈現具體的數字資料，就能夠預測公司的未來。

◎讀取隨著時間變化的未來

變動圖是以橫軸為時間，以縱軸為數量的觀察圖。

變動圖可以說是把未來納入囊中的順序。競爭對手會採取何種策略？明年的業績會如何變化？自己的收入有什麼變動……？

由於計算式很繁複，所以這裡就省略不談。其實，只要買一個具有函數計算功能的電子計算機就可以簡單計算出來。

1. 決定想要預測的對象。
2. 接著蒐集預測時需要的資料。以橫軸為時間序列，以縱軸代表數字資料，藉此看出變動趨勢。
3. 套用圖的計算公式。看成長趨勢是指數函數，或是單純的一次式公式。
4. 根據電子計算機的步驟試著打出資料。
5. 正確畫出變動圖。

◉利用變動圖也能夠讀取未來

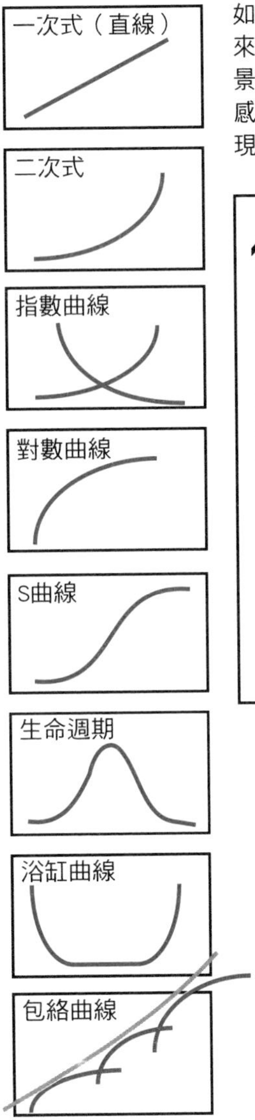

如果延伸過去的資料，基本上就可以看到未來的變化狀況。

景氣的好壞幾乎是每個人都能確實感覺到的感受。變動圖就是把這個感受量化，並且呈現出來的圖形。

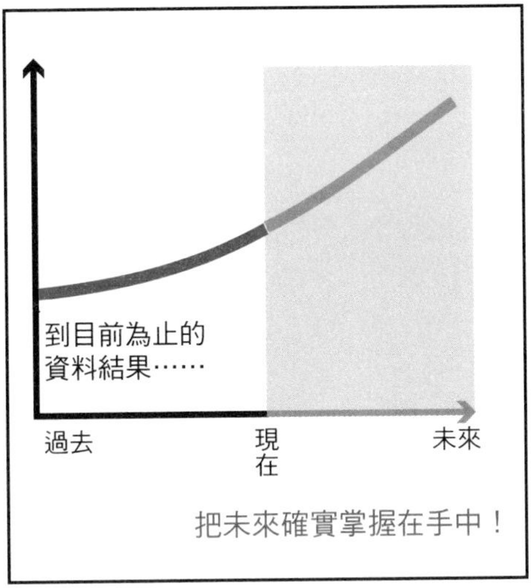

◎把各種資料量化以讀取未來

如果把變動圖實際運用在商品企劃中的話，會產生什麼結果呢？

- 具體預測商品的低價格化
- 把商品的多樣性（投入的機種數量）指標化
- 預測零件數量增減的指標化
- 預測商品重量或尺寸的變化

如果能夠化為數字，所有東西都能夠成為預測的對象。

二十多年前，我擔任某家相機製造公司企劃相關的諮詢顧問。當我出席會議時，席中出現這樣的對話。

「本公司的商品研發將會朝小型、輕量的方向……」，於是我反問：「所謂小型、輕量的程度為何？」結果對方提不出具體的數字。

因此，我利用過去的資料做成變動圖。結果發現，就算廠商以「輕量」為目標，如果只減輕十%～二十%並不會引起消費者的興趣。不過，如果輕量化的程度達到三十%的話，就會引起消費者的購買慾望。

這樣就產生具體的目標了，然後再以這樣的目標訂出各種階段性的目標值。結果幾年後推出的單眼相機造成歷史性的轟動。

◉所有能夠以數字表現的，通通以數字表現

■各家公司的營業額

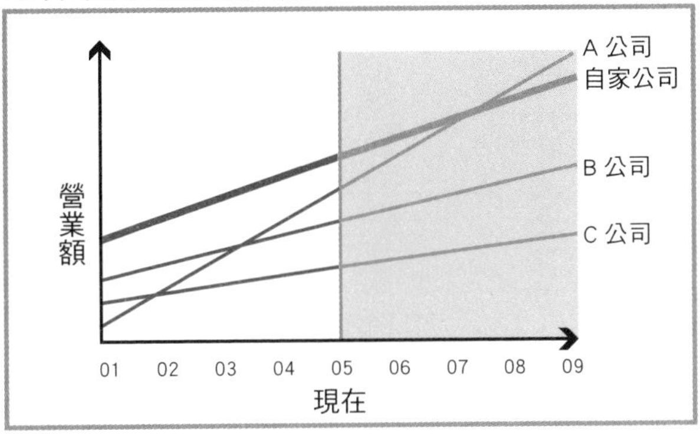

■小型化

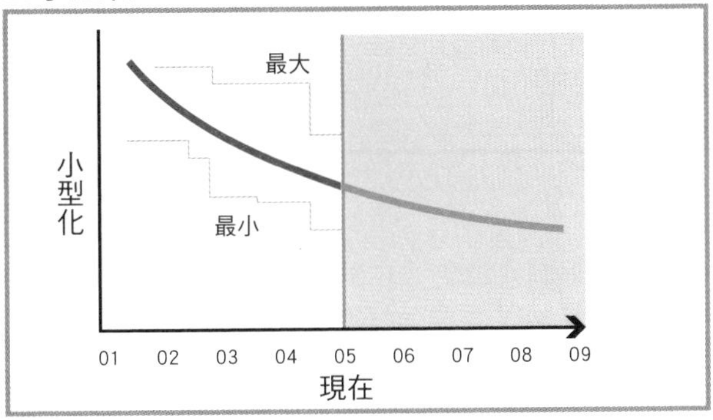

輕量化
薄型化
電子化
產品（機種）數量
零件數量
低價傾向
……
……

5 靈活運用關係圖

由於關係圖可以分類資訊，讓資訊更容易瞭解，所以可以從新的觀點看待事物，並產生革命性的想法。

◎瞭解各式各樣的關係圖

關係圖是在觀察資訊時，把資訊的性質分類、細分後所產生的結果，也就是依照領域分類（領域分割）的工作。

經常這麼做的話，或許可以磨練出從相同事物發現差異點，或是從不同事物看出相似性的能力。

以前人類學家川喜田二郎發明的ＫＪ（川喜田二郎之英文拼音縮寫）法等圖解非常有名，在日本高度成長時代廣為企業所使用。**關係圖可以分類資訊，而容易瞭解資訊的關聯性（相關性）**。

在支持日本高度成長，稱為ＱＣ、ＴＱＣ的品質管理活動中，經常會使用關係圖，也因此使得日本的製造成為世界第一。

最近的年輕人好像很少使用關係圖等圖解工具。不過，在建立今日的網路社會、資訊社會的

◉雖說是關係圖，也有各種型態的關係圖

類似型關係圖

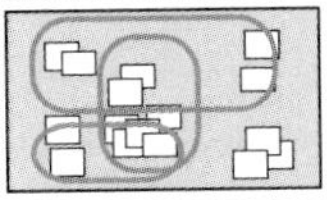

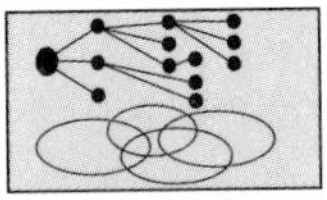

●KJ法（分類特性……相關性）
主要以相關性分類。優點是有利於在田野調查與工作場所中發現問題與提出解決方案，不過在龐大資料的經營或企劃現場中，這項優點就相形失色了。但對於企劃初學者可說是有效的思考方式。

●類似圖法（分類特性……相似性）
以資訊的相似性組成相關性。在企劃中，目標的分類或市場的分類相當重要，針對分類決定優先順序以及針對目標進行策略，是成敗的關鍵。

●生命週期分析法（分類特性……相似性）
利用量化理論分類。特別是為了要掌握生活模式的特性，以及為了掌握其嗜好特性而擬訂適當企劃案的話，會進行生活模式的分析。

階層型關係圖

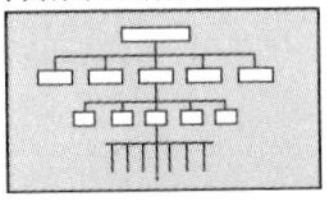

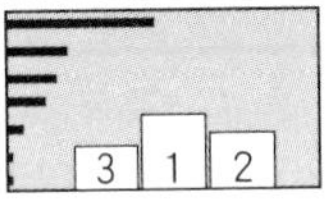

●階層樹法（分類特性……階層性）
也稱為階層式分群法。相對於這個圖形，類似圖法就是「水平」的圖形。資訊的相關性帶有階層性，最典型的就是組織圖。

●金字塔法（分類特性……階層性）
階層式的上下關係，不過沒有階層樹法的控制關係，以金字塔的結構呈現。經常用來表示價格與價值觀。

●順位法（分類特性……順位性）
分類後的資料一定要決定優先順序，從順位中發現解決對策的方法。另外，競爭後的結果會以順位法呈現，這樣的順位就能夠運用在商場上而獲得良好的印象。ABC分析法是前者的代表性方法，後者如業界第一或奧林匹克的得獎者或團隊等，會因為知名度大幅提升而能夠運用在對自己有利的時候。

系統型關係圖

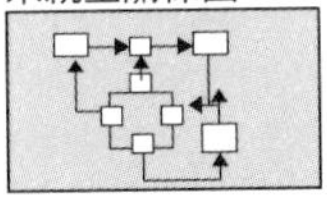

●循環流動圖法（分類特性……循環序列性）
商場上的業務幾乎都是人、物、資訊以及金錢等的連續循環。因此，如果描繪出循環結構就容易瞭解其優缺點，也容易看到新的啟發。事業結構、地區性的產業結構、資訊的循環結構等就是典型的例子。

趨勢型關係圖

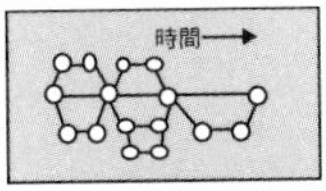

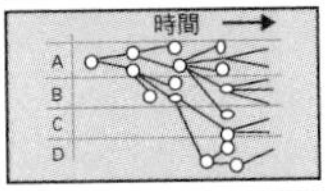

●流動圖法（分類特性……序列性）
分類後的資料化為步驟等流程。為了確實、快速結束工作，經常使用流動圖法。工作的流動、系統圖、甘特圖（Gantt Chart）、長條圖或是一般的工程圖具有這樣的特性。

●範圍．趨勢法（分類特性……相似性與序列性）
隨著時間的經過，分類的資料跟著成長、發展。甚至可以預估未來的趨勢。就像排出專利地圖（Patent Map）般地列出類似的發明之後，腦中一定會出現類似的想法。

●時間．金字塔法（分類特性……時間差序列性）
分類的資料隨著時間的經過產生變化而轉移到其他領域。由於低價格而擴大市場，或是從狂熱（崇拜）族群轉移到一般市場等，就是這種時間．金字塔法。

商業模式時，應該要更加靈活運用才對。

首先，讓我們來瞭解各式各樣的關係圖吧。

◎分類・融合會帶來新觀點與新智慧

巧妙地利用關係圖並不是只用在分析而已，而是要**從相同事物發現不同點，或是從不同事物看出相似性或是可融合的程度**。對於新東西下功夫不僅有趣，也是有價值的利用方式。

現在，「具拍照功能的行動電話」被視為理所當然。這樣的電話剛推出時是一九九八年。當時曾被大眾質疑「為什麼相機要跟手機結合？」，不過，由於二〇〇〇年推出「傳送相片」功能，把相片、手機以及電子郵件合為一體，這樣的產品立即獲得民眾的喜愛。現在，再也沒有人會懷疑具拍照功能的手機了。

這裡有一個說明結合異質東西的最佳案例。

最近日本的住宅或高級公寓很難銷售……，房仲業界莫不感到焦頭爛額。不過，在狹小的建地上建造建築師設計的多功能性住宅，還有舊式民宅或附有農地的住宅等卻人氣搶搶滾。同樣是住宅，也不能一概而論呀。

◉善加利用關係圖就會產生新的觀點

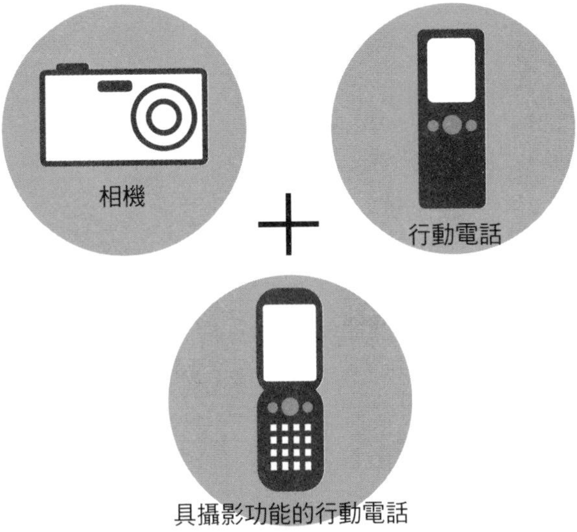

具有傳送相片功能、讀取二維條碼功能、
透過行動電話編輯部落格

6 靈活運用相關圖

相關圖能夠整理資訊的相關關係，有助於產生源源不絕的創意，在企劃商品時相當方便。

◎設定縱軸與橫軸之後，就會看出各種關係

相關圖在商場上是非常流行的圖解。

一般而言，**相關圖是以縱軸與橫軸構成**。縱軸、橫軸分別設定關鍵字並且排列之後，就會產生窗格。

可以把窗格想像成**縱軸與橫軸關鍵字相乘的結果，所以可以視為與資訊相關的內容**。

假設縱軸與橫軸各以十個因素表現。10×10＝100，這麼一來就產生一百項資訊。

如果沒有藉助相關圖或關聯圖來研究資訊，只會天馬行空地思考吧。不過，如果利用現有資訊做出相關圖，不僅可以看清楚資訊，也會得到一百項資訊。

毫無目的地看待資訊？或是看出一百項訊息？透過資訊處理就會產生極大的差別。

◉利用相關圖就能夠具體整理資訊

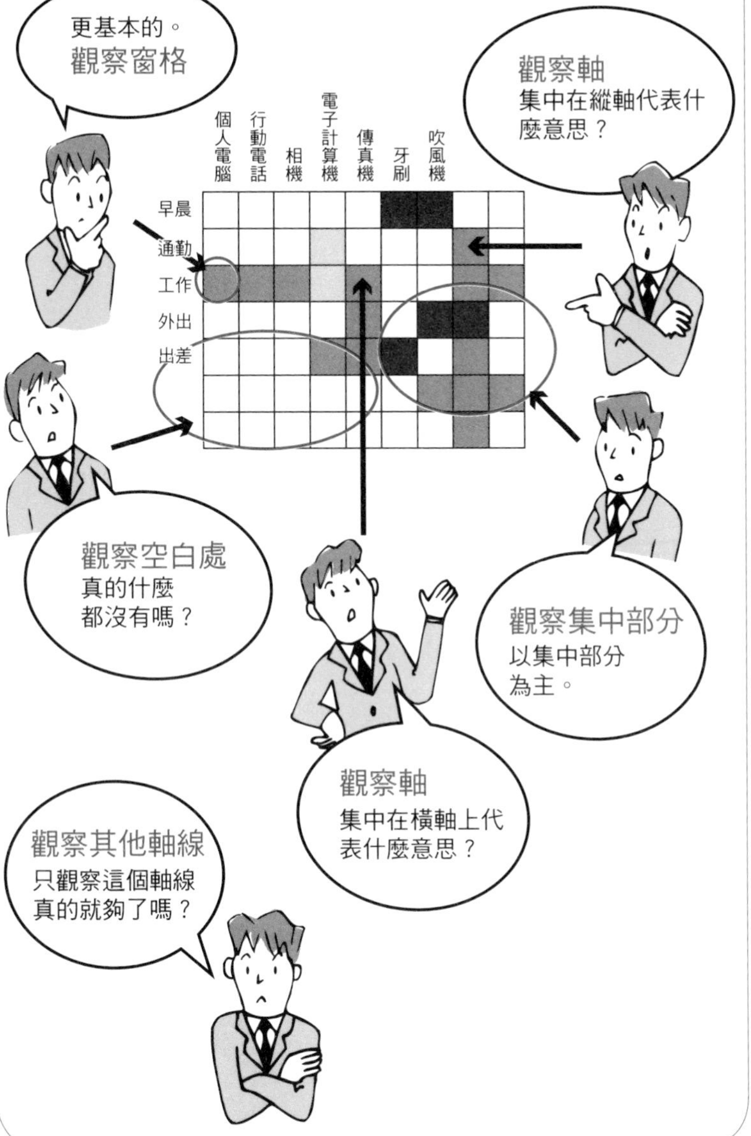

◎利用相關圖思考新市場

試著利用相關圖來思考新產品或新市場吧。

日本的製造水準相當高。不過，一般的商品則還是陷於嚴苛的價格競爭中。例如刀具業就非常辛苦。假設現在刀具業正在思考製造新商品。

毫無目的地思考，幾乎產生不了什麼智慧。因此，試試利用縱軸、橫軸，表現各種料理店與刀具業製造商製造出的商品或功能。這麼一來，就會產生各種窗格。

蕎麥麵店裡有切鵪鶉蛋的剪刀，這很容易明白吧。

接下來就要思考新產品囉。你是否想過在壽司店裡用餐時要使用剪刀呢？由於壽司材料的不同，有時候以筷子吃壽司，對日本人而言也是不容易的。更何況是對於外國人或小朋友而言，那更是一個難題。因此，是否可以開發壽司剪刀之類的商品呢？

就像這樣，先建立各種窗格，再試著企劃新商品吧。

◉試著思考刀具業的新商品企劃

	咖啡店	漢堡店	家庭餐廳	義大利餐廳	法國餐廳	蕎麥麵店	壽司店	火鍋店	日式家庭料理	居酒屋	燒肉店	韓國料理	拉麵店	中華料理
刀														
叉子														
湯匙														
杯子														
夾子														
切片機														
鍋鏟														
筷子														
開罐器														
廚房刀														
用餐剪刀														

切鵪鶉蛋
的剪刀

?

壽司剪刀會是
什麼樣子呢？

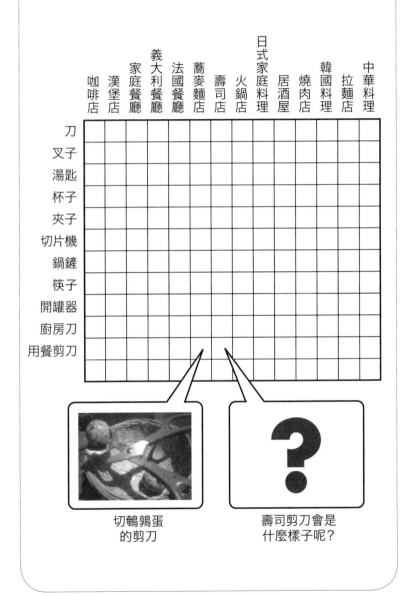

7 靈活運用座標圖

如果以縱軸、橫軸做出一個意象圖的話，可以看清楚狀況，自己應該採取的對策也會變得明確。

◎地圖是看出整體樣貌最佳的圖解表現

所謂座標圖，**其實就是地圖**。

最近許多車子都會安裝衛星導航系統。只要輸入目的地，衛星導航系統就會顯示出抵達目的地的路線，所以現在手上備有地圖的人或許越來越少了。不過，到國外觀光旅行時，應該不會有人不帶觀光地圖吧。

地圖或座標圖是為了抵達目的地使用，若是用在行銷，就是為了掌握特定區域的市場特性而使用。

相對於一般地圖可以看出地理上的位置關係，也可以**把資訊化為地圖**參考。這種地圖稱為**意象圖**（Image Map），設定縱軸、橫軸，決定商品的位置。企劃新商品時經常使用這樣的意象圖，所以這樣的方法也稱之為**地圖定位引擎**（Map and Positioning）。

◉地圖分為資訊地圖（座標圖）與物理地圖（一般地圖）

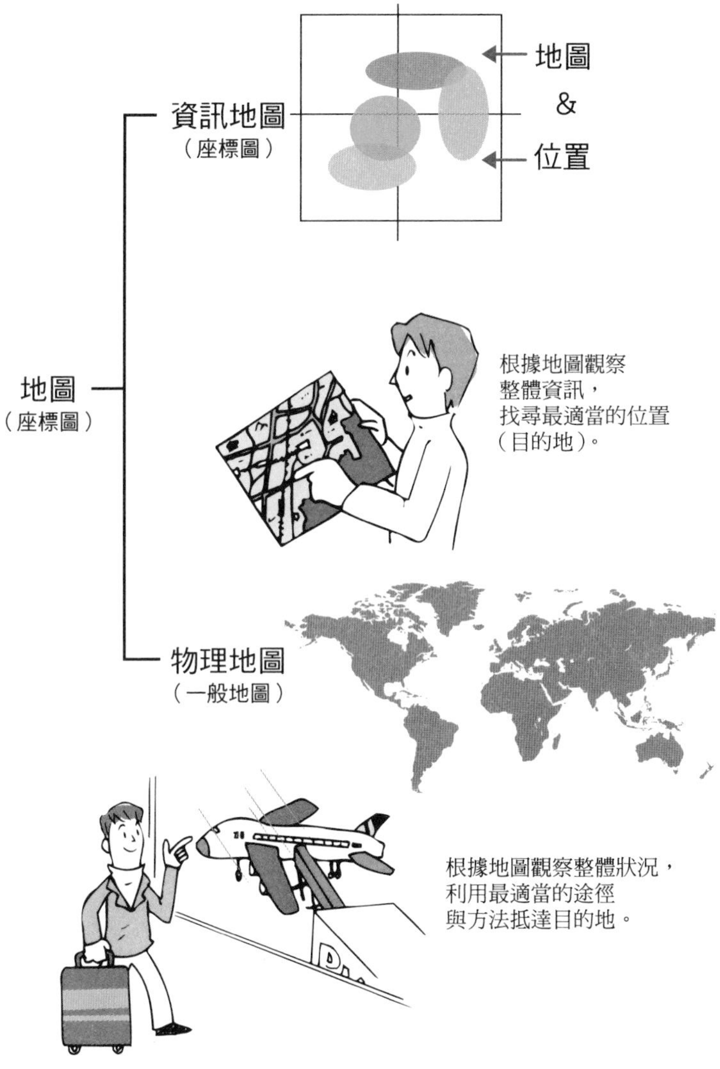

◎把資訊化為地圖，觀察位置關係就能整理資訊

試著思考一下**意象圖**吧。

這是個輕鬆的主題，不過，或許是個嚴肅的主題也說不定。假設縱軸是一個男人帥氣的程度、橫軸是社交性的程度。

如果你是在公司上班的話，試著把公司的男性職員定位看看吧。

你是否看出你的喜好程度了呢？有的女性喜歡具社交性的帥哥，也有的女性偏好那種能激發母性的內向醜男也說不定。

因為每個人的喜好各有不同呀。

◉試著製作意象圖，瞭解自己的喜好

把不可能化為可能，擁有企劃能力的豐臣秀吉

有一個關於「墨俣城築城」的故事，充分顯示出豐臣秀吉的機智。墨俣位於現在的岐阜縣大垣市，附近有木曾川、長良川與揖斐川等三條河川經過。

一五六六年織田信長為了攻打美濃地區齋藤龍興所處的稻葉山城，試著在墨俣築城做為前線基地。不過，受命築城的佐久間信盛與柴田勝家等相繼失敗，於是豐臣秀吉就得到了這個築城的機會。

為了築城，秀吉動員蜂須賀小六等三千人從長良川的上游砍伐樹木，並將砍下來的木材組成木筏，讓木筏漂至下游的墨俣，並在短時間之內達成任務（因此墨俣被稱為「一夜城」）。據說秀吉建造墨俣城採用的是領先現代建築工法的組合式工法。

後來秀吉就以墨俣城為據點，出兵攻打稻葉山城並且立下大功。

根據近年來的研究，也有人認為墨俣築城並不是實際上進行的作業。不過，利用嶄新的創意與技術解決難題，從這個意義來看，墨俣城築城的傳說也可以說是激發人發揮企劃力的有趣逸聞。

訣竅篇

第4章

養成企劃思維

1 在日常生活中經常保持企劃思維並養成習慣

能夠從日常生活中的種種問題發現企劃主題的人，將會在人生中獲得成功。

◎一天一個企劃，一年三六五個企劃。不做的人是零。這樣的差別就是人生

大企劃是由小企劃累積而成。

無論是鈴木一朗或松井秀喜，他們每天都是練習揮棒幾十次、幾百次，這才能在職棒的比賽中擊出安打或全壘打。這就是鈴木一朗與一般選手的差別。

那麼，你對於工作是否也做出類似的努力呢？

你沒辦法成為**職場中的專家**嗎？

試著學習鈴木一朗或松井秀喜那樣，每天不斷努力吧。只要把企劃帶入日常生活就可以了。

那要怎麼做呢？

其實**生活處處都是主題**。你居住的房子、臥室、廚房或是外面的咖啡店、居酒屋等等，到處都是企劃的主題。

◉每天的累積將會成為人生重大的差別

	1 天 0 企劃	1 天 1 企劃	1 天 3 企劃
持續一年的話	↓	↓	↓
	0 企劃	365 企劃	1,095 企劃
如果持續 10 年大約是	↓	↓	↓
	0 企劃	3,650 企劃	10,950 企劃

0 企劃 對 3,650 企劃 對 10,950 企劃

這就是人生的差別！你會怎麼做？

0 企劃　　10,950 企劃

◎日常生活中到處都是企劃的題材

企劃的步驟就如第2章〈企劃的實踐方法〉所說明的。不過，我們可以更簡單地來思考企劃這件事。

企劃的基本精神集中在「發現問題」、「思考對策」兩點。更進一步地，解決對策越特別或是創意越豐富的話，就越接近企劃的呈現。

各位可以去超市或量販店的隨便一個區域看看。例如，觀察浴室相關的商品到底有多少種類……。觀察洗髮精或潤髮乳補充包的設計有多豐富？毛巾或海綿、浴室的清潔用品有多少種？或是泡澡用品有多少種等等。

這些都是企劃的結果化為商品而陳列在商品架上。

你自己在洗澡的時候會注意些什麼事嗎？不方便、不愉快、浴缸很小、燈光很暗，或是刮鬍子時鏡子產生霧氣而看不清楚，地板很滑很危險。還有，想在浴室裡閱讀書報、看電視或聽音樂等等。

問題有很多，**解決這些問題的方式就是企劃**。

試著把企劃帶入日常生活中吧。

◉你生活周邊的問題堆積如山

2 在日常生活中練習企劃①

「在窄小的房間裡做個書架」

更換房間的佈置或是改變辦公室設備的排列，積極地面對就會提高企劃能力。

◎無論改變房間裝飾或訂製書架，都算是企劃

每個人都有自己的房間。你會不會偶爾更換一下房間的內部裝飾？或者，你是否為了房間狹小而感到困擾？

這時，我就會花點心思，親手製作書架甚至書桌。大家看到我家的家具多半是自己DIY做成時，莫不感到相當驚訝。不過，自己製作家具不僅成本低，也能夠符合任何空間的需求。

以我自己而言，我經常在客廳舉辦聚會，所以我不在客廳裡放置任何東西。這麼一來，其他空間就會受到影響而變得狹小。

左圖介紹了我自己在狹小空間製作書架與書桌的案例，重點有三點。

①書架的寬度二十公分以下即可（與一般的書架相比，看起來較簡潔）。

②由於書架的寬度較窄，所以在書架上要加裝調整器（防止傾倒）。

③製作三角形的書桌。

◉在狹小的空間裡親手製作書架與書桌。這也是「企劃」

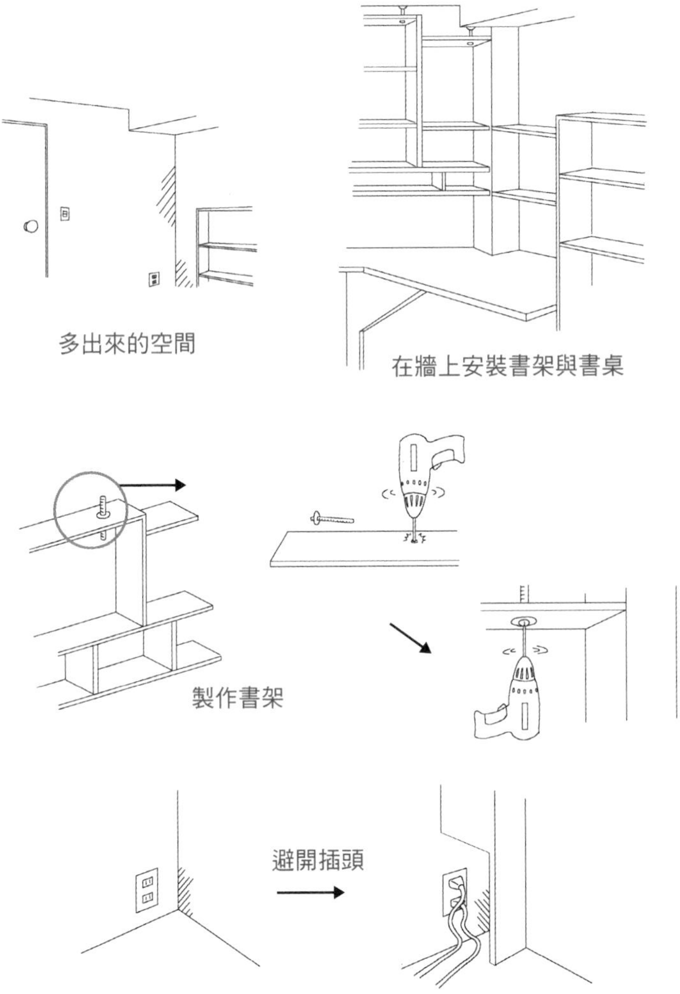

詳細的作業解說請參考作者的部落格〈高橋憲行部落格〉

http://www.expams.com/blog/2008/02/post-13.html

這樣就可充分利用狹小的畸零空間囉。

◎主動接下安排桌椅配置的工作

除了改變自己房間的裝飾之外，公司改變裝潢或辦公設備的配置時，也要積極地接下這份工作。

大公司改變辦公桌椅的配置時，通常會找外包處理，不過，有時候也需要做點小小的變動。首先，**你應該積極地接受辦公桌椅等小變動的工作，為將來的大變動做準備**。這些小變動在公司搬遷等大規模變動時，扮演著重要的角色。

左圖是我辦公室的配置狀況。把影印機、印表機等事務機器，以及桌椅與一般用品等都畫在平面圖上，並且在電腦上移動、檢討配置狀況。搬遷或更動位置時，利用位置圖配合辦公室的平面圖，解決辦公室配置的問題。

使用這樣的方法，在作業上非常有效率，也非常簡單易懂。

這就是**辦公室遷移計畫**、**搬家計畫**。

◎在電腦上進行辦公室的配置就可以有效率地安排

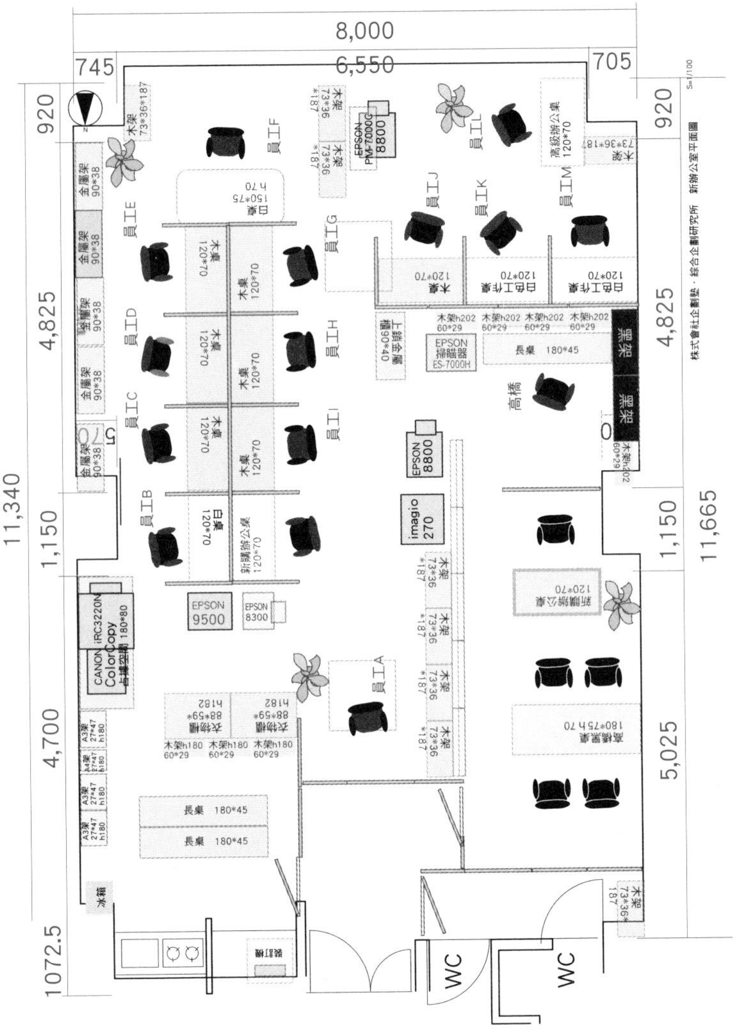

3

在日常生活中練習企劃②「環保生活創意樂在其中」

實踐身邊物品的再利用，
再加點創意就會成為「創造性的回收」。

◎環保從身邊做起

全球越來越關心環境問題。提到二氧化碳排放量時，很多人都以為這問題與自己無關。不過，如果把與環保相關的企劃放大的話，就可以擬訂出「**回收企劃**」。

例如「即可拍相機」類的低價相機（附鏡頭的底片），就是最典型的用完無法丟棄、回收率最高的商品，是一項非常完美的回收企劃。

寶特瓶要直接丟掉？還是應用在其他用途……？這也是環保生活的一環。

我自己就把使用過的寶特瓶，變化為家中使用的各種器具。例如把寶特瓶改裝成筆筒，或用來置放分解家具時多出來的螺絲（螺栓、螺帽）、銷毀文件資料，分解檔案時多出來的長尾夾等等，寶特瓶可以用在很多地方。整理冰箱時，也可以善加利用寶特瓶收納整理。

不管是什麼東西都不要隨意丟棄，花點巧思重複使用，這樣就可以過一個注重環保的生活。

◉利用寶特瓶製作筆筒等「回收企劃」

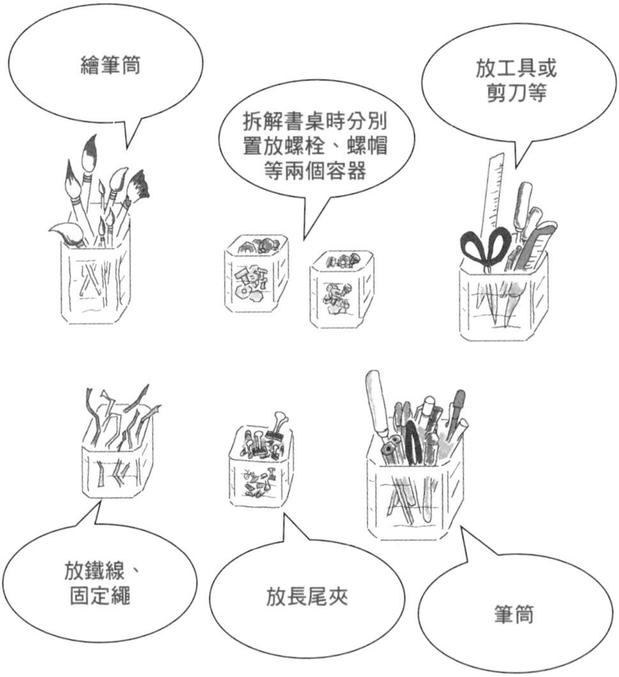

以上介紹的是書桌與收納櫃中看得到的幾件回收品。

我的房間裡到處都有利用寶特瓶製成的容器。這些容器分別置放於書桌或收納櫃分類使用，總共有七十～八十個左右。

◎透過創造性的回收提高企劃力

盡量回收食材容器的瓶瓶罐罐，我的廚房裡到處都是這樣的環保器具。更進一步地，從**單純的回收**下功夫，挑戰**創造性的回收**吧。

我演講或攝影時使用的棒子用了三十年，而這根棒子其實是中古車的天線。紅色部分則是紅色原子筆的尾端。把手的部分則是利用電源線緊緊地纏繞，使用起來的手感很好。跟文具的指揮棒相比，這支棒子不僅堅固而且相當輕巧，一般的指揮棒完全比不上，所以這支演講棒我已經用了三十多年了。

只要花點巧思，廢鐵也能化身為令人驚訝的物品。

雖然我的回收物品毫不起眼，不過，如果運用色紙或顏料把廢物改變為具有設計感的東西，這樣的巧思就更加有趣了。

我最想做的就是回收曬進陽台的太陽。雖然很想創造一個陽台菜園，不過因為工作忙碌而且經常出差，所以連實驗性的菜園也做不起來，真的非常可惜。

因為蘿蔔嬰或紫蘇等植物，種在陽台上就可以長得非常好呢。

◉花點巧思製造創造性的回收

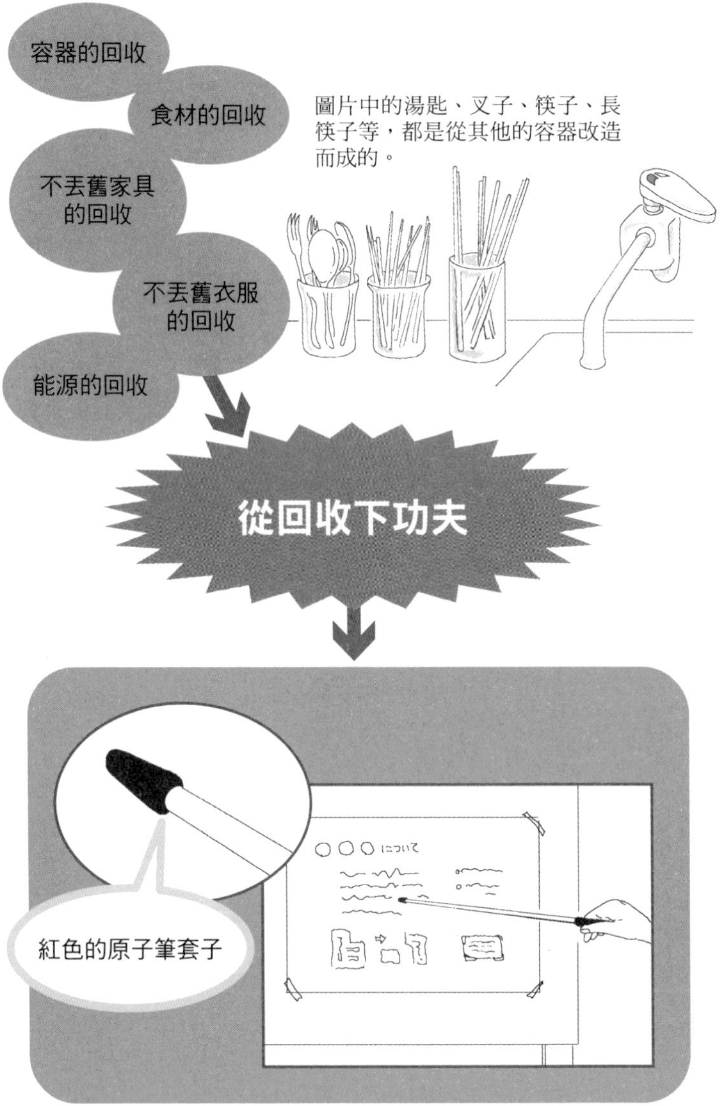

圖片中的湯匙、叉子、筷子、長筷子等，都是從其他的容器改造而成的。

4

在日常生活中練習企劃③「洗衣、清掃也可動動腦」

掌握每個房間的髒亂程度，思考對策並且實踐，這也是企劃的精彩主題。

◎洗衣、打掃等也是企劃的對象

洗衣服、打掃等家事，也可以是企劃的對象。

如果在家的話，我會做早餐、每星期舉辦一、二次的聚會，每星期打掃、洗衣一、二次，所以是個標準的家庭主夫。

做家事時總會**發現許多問題**，所以我都會花點心思解決問題。在這裡談論如何清洗我的內衣褲很尷尬，所以還是說說打掃的事吧。

打掃就是**針對房間的不同角落、建材與髒污的特色（問題）等，思考對策並且實際清潔**。

比較髒的地方依序是廚房部分、廁所、浴室、臉盆等，也就是經常用水的地方。由於掌握了髒污的特性，所以可以定期清潔打掃。不過，每個地方每週至少要打掃過一次。工具或清潔用品也要依照髒污的特性分別購買、使用。如果這樣還覺得有問題的話，就要針對髒污特別費心處理。

◉分析每個房間的髒污來源，擬訂清潔對策

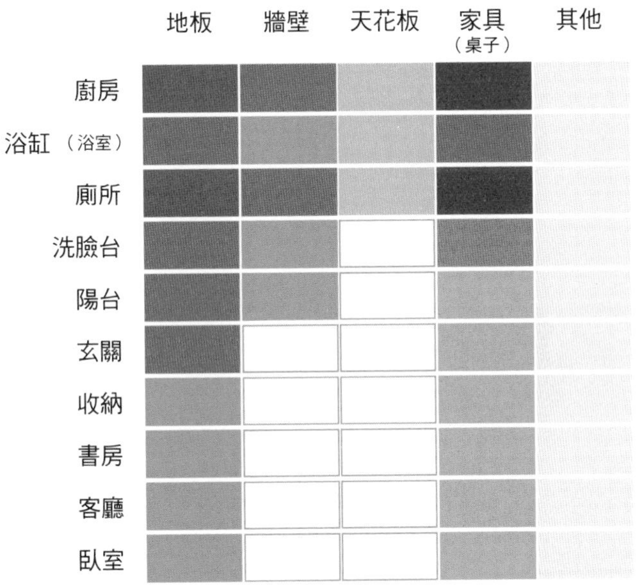

顏色的深淺代表打掃的難易程度（其他則根據狀況而定）

房間與髒污部位

↓

髒污的程度

↓

打掃的方法

↓

清潔劑、工具的準備

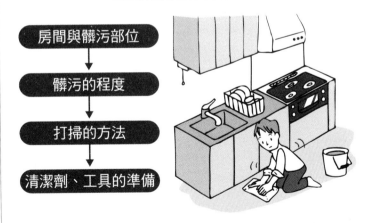

◎善用削鉛筆器清潔髒污

不知道為什麼，我的廚房總是會放一個「削鉛筆器」。各位知道原因嗎？有時候這個「削鉛筆器」也會移到洗臉台的位置。

其實，就如左圖所示，我利用削鉛筆器削免洗筷，這樣就可以利用免洗筷的細端挖出廚房角落累積的髒污了。

牙籤太細，直接用免洗筷又太粗。各種打掃工具都沒那麼好用。所以我因應現狀的需要，削免洗筷使用。

至於碎布的一角又要如何使用呢？利用免洗筷挖出汙垢之後，把碎布捲在筷子上，如下圖般地抹去挖出來的髒污。

只要一個削鉛筆器就可以非常方便地使用免洗筷。因此，如果有許多客人來訪而使用了大量免洗筷的話，只要簡單地清洗、晾乾並且收納起來，日後就可以運用在清潔方面了。

免洗筷幾乎可以方便地運用在各種場合呢。

◉容易產生髒污的廚房之清掃訣竅

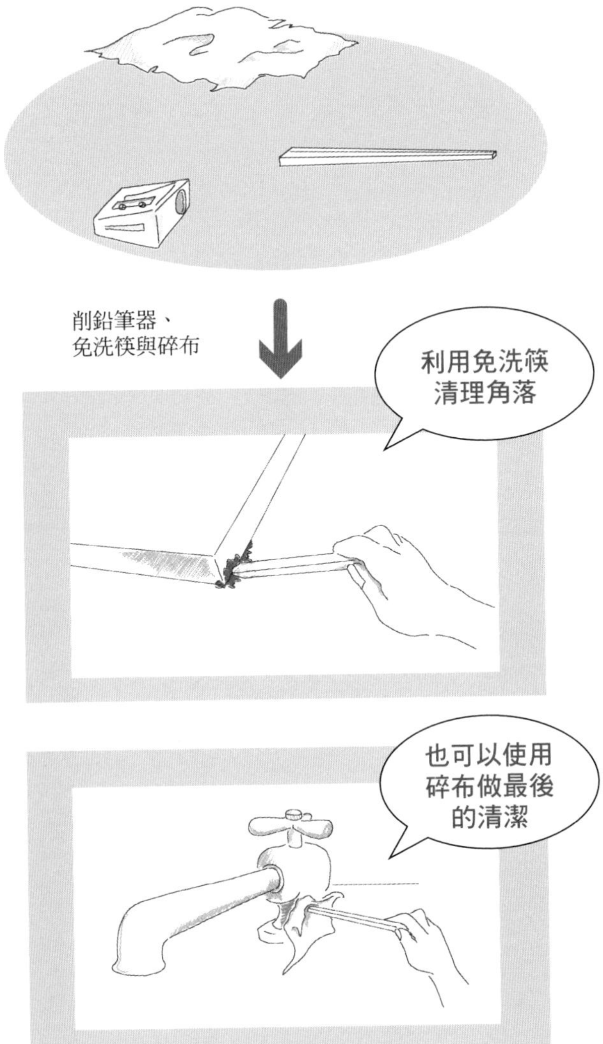

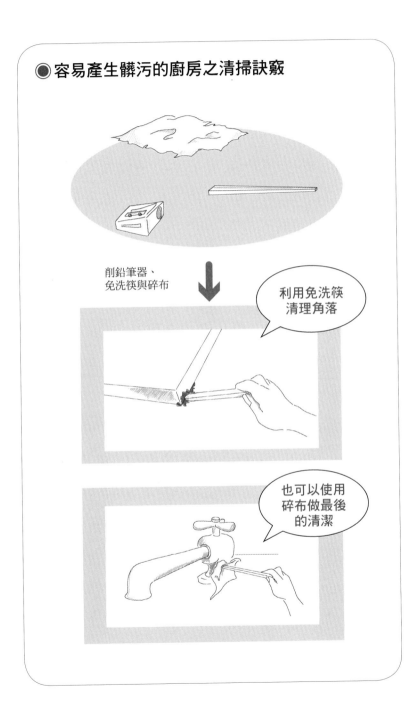

5 在日常生活中練習企劃④「享受聚餐」

> 能夠讓別人開心、款待別人的人，資訊敏感度高，在工作上也能夠充分滿足客戶的需求。

◎讓家庭聚會更有趣

我每個月都會舉辦少則四、五次，多則達到十次左右的家庭聚會。有時候是工作相關的聚會，有時候則是朋友之間的交流。小房間有小房間的樂趣，若是在寬廣的房間裡，就可以悠閒地以「用餐」為主，開心而大聲地交換訊息，這樣也會增加人脈。

由於聚餐多以吃火鍋為主，所以不用花太多時間做事前的準備。只是，如果每次都提供相同菜色，客人的樂趣就會減半。因此，也要花點心思豐富菜色的種類。**有了這樣的訓練，敏感度就會提高。**

居酒屋、餐廳的食材，或餐桌的配置、燈光、牆壁的圖畫等室內裝潢，都可以提供許多想法。菜色當然也可以當成參考。如何招待客人？如何讓客人得到滿足？許多小細節都要注意到。

我自己絕對不是屬於敏感的人，不過，若想要培養家庭聚會這種「現場感覺」的話，就要**既高且廣地，培養自己的敏感程度。**

◉為了招待朋友，在菜色與餐桌的配置上花點心思

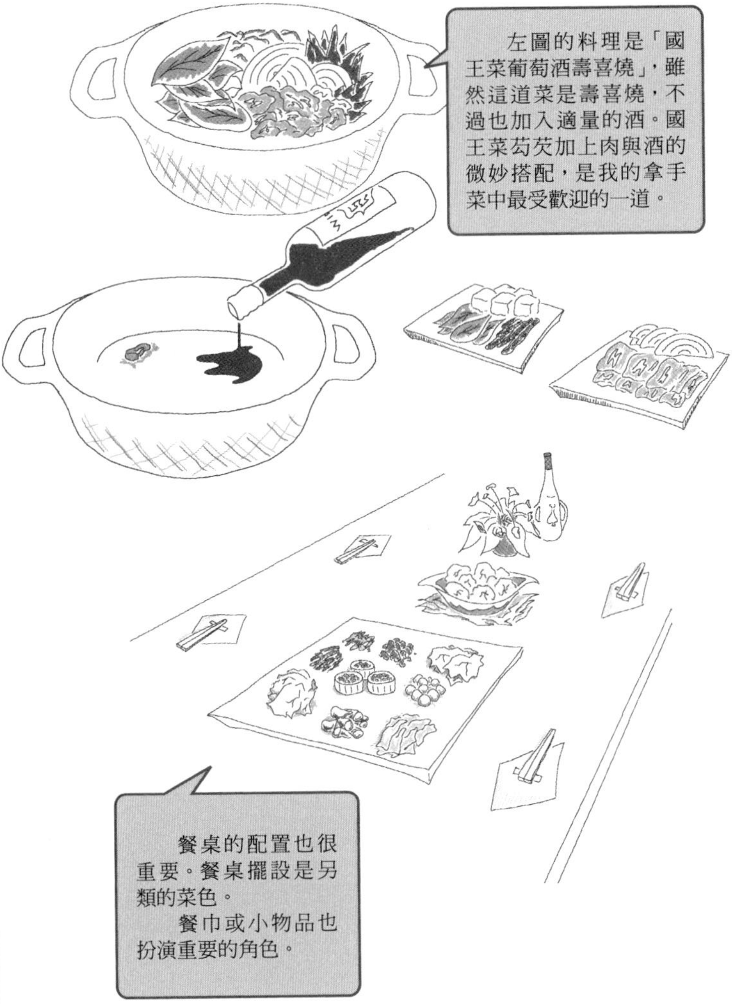
左圖的料理是「國王菜葡萄酒壽喜燒」，雖然這道菜是壽喜燒，不過也加入適量的酒。國王菜芶芡加上肉與酒的微妙搭配，是我的拿手菜中最受歡迎的一道。
餐桌的配置也很重要。餐桌擺設是另類的菜色。
餐巾或小物品也扮演重要的角色。

◎思考辦一場具有吸引力的聚會

就算是小型的家庭聚會，如果隨便應付客人的話，別人就不會再度賞光。**這在商場上意味著顧客的滿意度低，缺乏企劃能力與實踐能力。**

如果跌破損益點，就像是商場上的公司出現虧損而被迫關閉一樣。

舉辦聚會是有目的的，例如「交換資訊」兼「消除壓力」等。如果與同事的關係不夠親密，就難以紓解壓力。這麼一來，就必須在客人的安排或聚會的流程中花點心思。

通知小型聚會的電子郵件內容（告知）也必須具有吸引力。關於聚會使用的食材，必須先思考菜色、購物，並且做好事前準備。在聚會進行當中也必須隨時注意聚會的流程是否順暢？食材、葡萄酒、日本酒等飲料是否喝完了？聚會的氣氛如果不夠熱鬧該怎麼辦等等。

經常檢視現場的狀況是否有問題，若有的話就要改善。就算是小型聚會也是一樣的流程，所以最適合用來訓練企劃能力。

只是一場喝酒的聚會嗎？要將聚會昇華為企劃案嗎？最後終將產生極大的差別。

◉舉辦一場可以讓客人得到滿足的家庭聚會之步驟

擬訂聚會的企劃案

↓

明白確定目的（概念）

↓

確定場所、人數

↓

發出聚會通知

↓

擬訂聚會・菜單的企劃內容

↓

購物（食材、餘興節目的道具）

↓

事前準備

↓

乾杯！

聚會的流程、小活動的步驟
確認現場氣氛的活絡、上菜的順序

↓

送客

↓

收拾

6

在日常生活中練習企劃⑤

「將幹部、雜務等工作攬來做」

擔任幹部角色、雜務角色，是能夠體驗企劃、執行、反省等PDSC循環的最佳時機。

◎幹部角色、雜務角色最適合用來訓練企劃能力

公司裡一定有人自嘲自己是宴會部長。其實，有能力娛樂別人、**承擔「幹部、雜務」工作的人是具有企劃能力的人**。

無論是公司的研習會議、旅行、小組旅遊、某人的慶生會或是家族旅行等等，**從參加者的開心程度、滿意程度，就可以清楚看出主辦人是否發揮了企劃能力**。企劃就是這麼一回事。

因為個性害羞而不擅於安排宴會的人，很容易以為自己「很難扛得起幹部角色……」。不過，所謂幹部就是非主角的幕後工作，而且還擔負著重責大任。幕後工作包括撰寫通知函、流程的安排，以及事先勘查等等重要任務。請試著積極參與吧。

想想小公司的研習旅行。假設現在為了討論維持公司下一季的業績，公司打算進行一個研習旅行，集合公司全體員工組成研討小組（多人進行一個方案）來討論下一期業績成長的計畫。

掌握目的、工作小組的步驟、會場、事前、事後等等多項工作，必須盡量滿足全體員工的需

◉即便是小公司，研習旅行的檢討事項也堆積如山

擬訂研習企劃案

↓

確定清楚目的（概念）

↓

研習前的企劃

深究問題與課題，清楚確定達成目的的概念

研習企劃

研習後的企劃

事後確認舉辦研習是否有效，檢視確認重點

課程計畫

↓

研習通知

確定通知對象與參加人員

↓

研習步驟

- 行政部門的角色
- 講師
- 課程
- 研習會場
- 佈置會場
- 各種研習工具

↓

運作（實施）

研習相關企劃

- 旅行企劃
- 聯誼會企劃
- 在國外舉辦的選擇企劃

休閒

研習

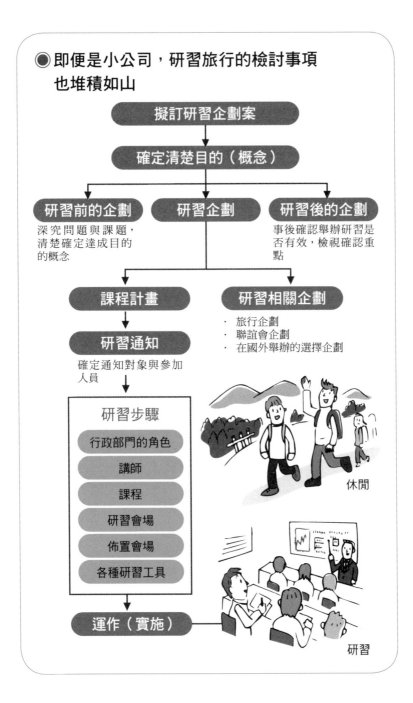

求。

研習課程可以請公司內的社長或其他人主講，也可以從公司外面招攬講師來上課等等，這些都要事先討論。參加者只要依照著出發、現場集合、研習、小組研討、用餐、聯誼、住宿等流程前進就可以了，不過，幹部或工作人員的工作可比這些多上許多哩。

◎幹事角色能夠體驗PDSC的流程

試著思考一下研習課程的內容吧。

光是思考課程內容或是如左圖般的流程，就是相當瑣碎的工作。在實際的運作中也會發生不方便或意料之外的情形。例如偶爾會發生身體不舒服卻勉強參加研習的員工，在中途昏倒的突發狀況。

進行這樣的運作時，就**能夠確實體驗PDSC流程**，也就是企劃、執行（運作）、反省……等過程。這樣的體驗將會重複無數次，繼而培養出現實中的企劃能力與執行能力。

若說大企業的成立來自於這些體驗的延長線，真是一點也不為過。

◉研習旅行的課程計畫是瑣碎的作業

第一天

10：00	社長致詞
10：05	進行說明
10：20	研習開始（講師上課）
12：00	午餐
13：00	小組研討開始（分組進行）
15：00	休息
15：15	小組研討再度進行
17：30	晚餐
18：30	小組研討再度進行
20：30	第一天結束 在另一個場地進行聯誼會

第二天

09：00	整理小組研討內容
12：00	午餐
13：00	小組報告開始（分組進行）
15：00	休息
15：15	再度進行小組報告
16：30	講師講評
17：30	社長講評
18：00	結束宣言
18：30	解散

7 在日常生活中練習企劃⑥「電子報、部落格、明信片」

持續利用高科技、低科技等各種方法發信，可以培養發信能力，人生也會有大好的轉變。

◎利用電子郵件、電子報、部落格以及明信片，來培養發信能力吧

最近有許多人以寫日記的方式每天更新部落格的內容。據說，如果包括每週或每月更新一次部落格的人，人數將達數百萬人。

企劃的重要工作中也包含發信能力。企業在電視、雜誌等刊登廣告，在報紙、電視、產業報紙等發布的促銷活動，也都是發信力。發信能力的強弱大幅影響企業的興衰，所以企業對於發信力也非常重視。

這放在個人身上也是一樣的道理。**持續發信的話，人生將會有大幅度的改變**。

例如，就算沒有建立一個正式的網頁，也有如左圖所列的各種發信方式。就算不是發行電子報，也能夠透過電子郵件同時發信給群組。

電子報或部落格現在已經成為一般人的常識了。我的公司每週發行數份電子報，每天更新部落格。更進一步地利用部落格的ＲＳＳ訂閱功能，傳送電子郵件並提供部落格的ＵＲＬ，透過電

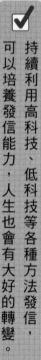

◉培養發信能力的主要方法

數位（高科技）媒體

部落格	可以分別運用相片等各種表現方式發信，不過如果對方不主動連結，就無法提供資訊。
電子郵件群組發信	在現有的聯絡人中，能夠依照群組分別傳送電子郵件。適用於小規模且封閉式的通信方式。
電子報	能夠大量發送，不過依對方狀況或是發送頻率多時，會被要求停止傳送。
網頁	雖然能夠做出具有設計感且吸引人的呈現，不過與部落格一樣，需要對方主動連結。
部落格 RSS 訂閱功能	同時具有電子報與部落格的特色。建立部落格並且透過電子報通知更新。

類比（低科技）媒體

DM	透過通知、聚會等訓練，也試著體驗正式的商業 DM。
繪圖明信片	在溝通上效果極佳。比起賀年卡片、暑期問候卡片，帶給對方更強烈的印象。
賀年卡片、暑期問候卡片	禮貌性的問候，卻也是無法忽視的溝通方式。是應該採用的最基本的溝通方式。
其他	時時牢記道歉信、感謝信等方法，有助於提高溝通能力。

子報吸引讀者主動連結部落格，確實在「電子報＋部落格」上花心思，並且確實執行。

◎正因為現在科技發達，所以低科技的方式更顯重要

雖說現在是電子郵件、網路的時代，不過也不能小看明信片或信紙的威力。

由於明信片或信紙會帶給對方相當溫暖的印象，所以效果極佳。

賀年卡或暑期問候卡是極為普通的問候手段，所以不會帶給對方太深刻的印象。不過，如果對方收到意料之外的明信片，或是每逢季節轉變時期收到手寫明信片的話，印象就會非常深刻。甚至，如果對方收到的是繪圖明信片，效果更是加倍。

繪圖明信片就是明信片上加上圖畫與簡短的問候語。許多擁有相同興趣的人會成立社團，並且互相寄送繪圖明信片增加交流。如果你寫了一張繪圖明信片，並且寄送給工作相關的夥伴或朋友，一定會得到意想不到的回應。

寄送繪圖明信片時，就算圖畫得不好看、字寫得不好看也無所謂。不可思議的是，越是畫不好、寫不好的作品，越會得到對方的共鳴。

正因為我們現在處於網路時代、高科技時代，所以**低科技溝通**的方式反而更能夠有效地運用在重要的場合中。

◉在重要的場合中，低科技溝通更能夠有效地運用

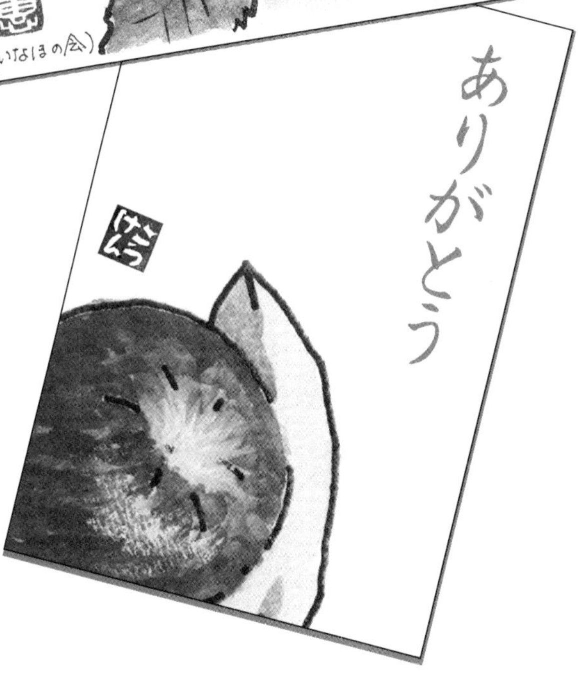

分配資源的企劃案

各位聽過「百包米」的故事嗎？這是有關長岡藩士小林虎三郎的故事。

在幕府末期的時候，因戊辰戰爭而疲弱的長岡藩，收到支藩三根山藩主送來的一百包米。對於每天缺糧的藩士們而言，這是從天上掉下來的禮物。不過，長岡藩的大參事小林虎三郎卻不顧眾人的反對，堅持「正因為沒東西吃，所以才更要辦教育」，因而決定賣掉這一百包米，把賣米的錢移為建立學校的費用。

利用這筆基金建立於明治三年的「國漢學校」，教導國學、漢學、地理、科學等學科，建立了長岡的教育基礎。後來國漢學校也培養了東京帝國大學校長小野塚喜平次、醫學博士小金井良精、海軍將軍山本五十六等人才。「百包米」的故事也被搬上歌舞伎的舞台，感動世人。

如何分配時間或金錢等資源，可以說是思考人生企劃時非常重要的主題。不要被眼前的利益迷惑，一定要看清楚未來再做選擇。百包米的故事就是教導我們這件事。

訣竅篇

第5章

參考企劃書案例

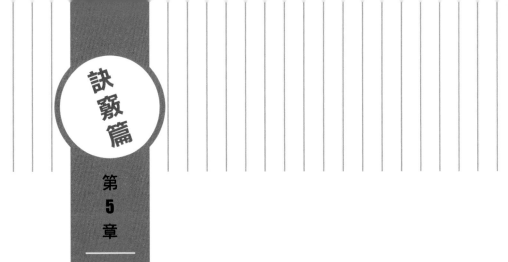

1 將企劃書彙整在一張紙上

越是耗費成本的企劃，企劃書越正式。不過，也可以靈活運用圖解，盡量歸納為一張紙的內容。

◎參考各種案例吧

擬訂「網頁製作」、「手冊製作」、「演講與研習」等相對比較不花錢的企劃時，就算沒有企劃書，光是簡單的設計提案也會被採用，工作一樣能夠順利進行。

就算不需要企劃書，也應該清楚瞭解手冊或網頁如何運用、有何幫助或是增添預算與人手是否有意義等等。本書第二五頁所提的６Ｗ２Ｈ即為其中一例。**在歸納整理企劃書這件事上，釐清現狀具有重大的意義**。

當然，大型的商品企劃或動員數十人進行的正式事業計畫等，會花費龐大的預算，這時就少不了正式的企劃書。

本章將說明初級的企劃書。不過，無論企劃的大小，都有一個共通點，那就是要**掌握企劃與事業的關係**。

例如，請思考某商品的宣傳手冊的製作吧。在公司的銷售商品中，製作該商品的意義為何？

◉越是耗費成本的企劃，企劃書越正式

小型活動或不容易發生問題的事
不需要企劃書，不過……

如果牽涉成本效益的話，
企劃書的角色就變得很重要。

該商品在公司的定位為何？你想介紹給客戶的訴求為何？是怎樣的業務內容？透過以上種種的思考，企劃的內容應該就會有所改變。

光是製作手冊，就有許多應該思考的地方，所以若是大型的商品企劃或事業計畫，更是必須確實掌握企劃與事業的關係。

◎把企劃書的內容歸納為一頁

即便是大型企劃案，如果歸納為一頁的內容是最好的。一般認為事業計畫需要龐大的資料，不過，也可以依照不同主題，把各項資料歸納為一頁的內容。請培養速描的感覺吧。若想要培養寫出一頁企劃書的能力，重點就在於善加運用圖解說明。

- **運用能夠簡潔表現複雜內容的「圖解」**
- **經常磨練歸納一頁內容的功力**

以上兩點對於培養寫企劃書的習慣也很有效。由於這是能夠普遍使用的技巧，所以一旦熟練以上兩點的話，就能夠靈活運用。

◉企劃書從整體到細部，每一個主題一頁

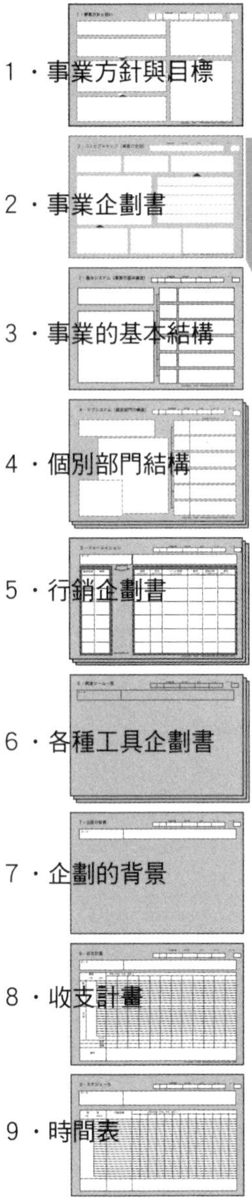

2・事業企劃書
（描繪事業的整體樣貌，概念圖）

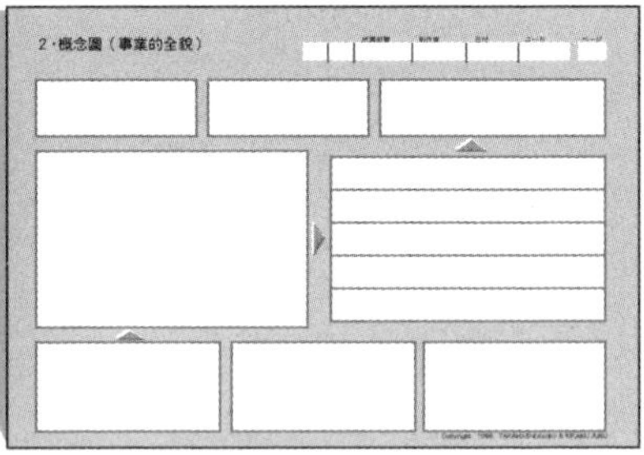

企劃書的結構

思考企劃書的重點，就是把所有內容歸納在一頁的篇幅裡。

事業企劃書又名「概念圖」，透過這一頁的內容，就能夠瞭解事業的整體樣貌。

更進一步地，從這一頁的內容衍生出個別內容，例如各部門的結構、行銷企劃書或是各種工具企劃書等等，透過一頁篇幅的歸納內容就能夠瞭解該項主題。

以素描的感覺描繪

可能你會覺得寫出一頁的企劃書需要勞心費神，因而感到厭煩。

不過，相反地，以素描的感覺把內容濃縮在一頁的篇幅中，這也是很重要的。

所有的內容都要加上各種關鍵字，另外，試著努力填滿也是很重要的。如此努力的結果就培養了看清整體樣貌的企劃能力。必須熟練這兩者才行。

2

案例①「商品企劃書」

腦中浮現想法還不夠，
要利用商品企劃書具體呈現。

◎新商品企劃來自於平常創意的累積

通常年輕人剛進公司，不會馬上被要求寫一份正式的商品企劃書。不過，儘早學會思考商品企劃，具有很重大的意義。因為，若想要擬訂完善的商品企劃，必須累積足夠的經驗。

另外，無論是多好的想法，如果放著不動，也只是一個想法而已。重要的是把想法歸納為企劃書。**試著多想點創意，並把創意具體呈現在企劃書上吧**。

就算不是自家公司的商品，為自己喜歡的商品擬訂企劃也是一種訓練。若喜歡吃甜點，那就思考甜點的企劃並且寫成一份企劃書。毋須填滿每個欄位，從能寫的部分開始寫起。就算一開始只畫出想像圖的素描也可以。寫好企劃書之後先放著，等稍微間隔一段時間，累積多份企劃書時，再回頭重新檢視，然後把沒有填寫的欄位填滿。這樣應該會成長為一份完整的商品企劃書。

◉不斷思考創意，平常就要磨練商品企劃的能力

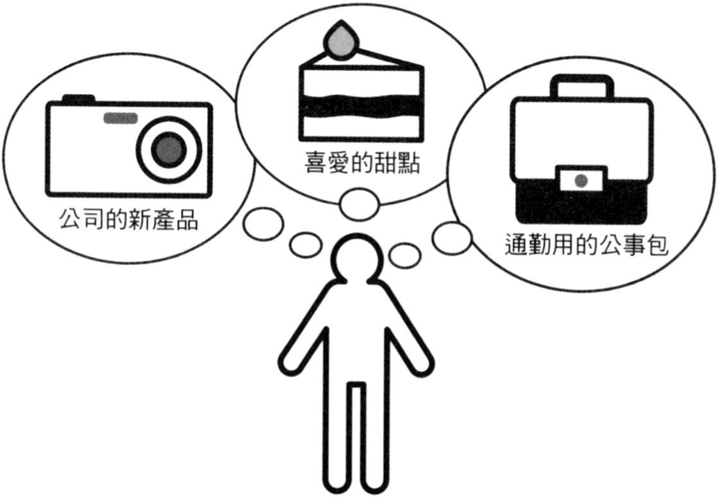

想出各種不同領域的商品創意。

⬇

整理商品企劃書。
只寫目前能寫的項目
或是畫出想像圖也 OK ！

⬇

累積一些商品企劃書，
隔一段時間之後再重新檢視。

⬇

填寫欄位的同時，
也逐漸完成商品企劃書。

填寫人：

【商品概念】

站在顧客的立場，明確地描述商品有用的重點。想像顧客購買的畫面、顧客使用產品的畫面，寫出顧客購買該項產品的重點。

【訴求重點】

思考打動顧客的廣告文案，以提高其購買動機。

【目標】

清楚分類顧客的具體屬性（年齡、性別、居住地區、生活型態、年收入等等）。

【定位】

商品在市場上的定位為何？與競爭商品的關係為何？清楚區分與其他商品的差異重點。

【成長性】

描寫商品或市場成長的可能性。可以的話，要根據資料說明。

【通路／市場性】

通路指什麼樣的通路？如何銷售？
市場性指類似的市場之規模如何？可以的話，要根據資料說明。

【問題點與課題】

寫出進行該商品企劃時會發生的問題，以及應該解決的課題。

【情報戰略（統合行銷策略）檢視項目】

●溝通
- □SP
- □廣告宣傳
- □公關活動
- □活動
- □CI

●資訊系統
- □DB
- □客戶資訊
- □溝通相關
- □行銷相關
- □網路支援

●行銷（商品）
- □商品　□服務
- □技術　□價格

●行銷（市場）
- □市場　□物流
- □流通　□銷售

●相關策略
- □生產策略
- □人事組織策略
- □財務策略
- □R&D策略
- □海外策略
- □法務策略

◉商品企劃書

商品名稱

【商品簡述】

以想像圖簡單描述商品的概要與特性，也包含商品以外的要素，要簡潔易懂。

素描

【想像圖】

描述商品的想像圖，也可以利用類似商品或類似服務呈現。

【命名】

寫出商品的命名方案。

【技術種子】

利用自家公司的技術種子（能夠開發產品的基礎技術。未來可能開花結果的技術或多項技術），或是使用其他公司的技術種子等，明白地表達出來。

【價格】

清楚標出設定的價格。

【規格】

呈現出包含技術性因素的規格。

填寫人：

【商品概念】
以低廉的價格提供原木生活。

【訴求重點】
說明若是積極運用附設農地的話，就能夠過著自給自足而悠閒生活。利用人工植木當燃料，享受既環保且價廉的暖氣。
其他則明白指出，這樣的房子具有高成本效益。

【目標】
目標是嬰兒潮世代、退休族等富裕族群，且喜好原木房屋者。
另外，注重環保、喜好原木生活的三十多歲、四十多歲族群也是訴求的客群。

【定位】
提供低價格高質感的原木屋。高水準的設計規格、裝潢規格。

【成長性】
嬰兒潮世代、退休族不斷增加，以這個層級為成長的核心，基本上以退休族群為主。應該有相當多的家庭年收入超過1,200萬日圓而沒有別墅（調查中）。

【通路／市場性】
以對環保生活、原木生活有高度興趣的人為主要訴求客層，把客群化為組織，並且培養目標客戶。

【問題點與課題】
嬰兒潮世代最注重的興趣就是「旅行」。以夫婦旅行或溫泉旅行等休閒產品的競爭，是目前面對的課題。在此可以確實做出差異性，避開與旅行商品之間的競爭。以強而有利的吸引力擴大市場規模。

【情報戰略（統合行銷策略）檢視項目】

●溝通
□SP
□廣告宣傳
□公關活動
□活動
□CI

●資訊系統
□DB
□客戶資訊
□溝通相關
□行銷相關
□網路支援

●行銷（商品）
□商品　□服務
□技術　□價格

●行銷（市場）
□市場　□物流
□流通　□銷售

●相關策略
□生產策略
□人事組織策略
□財務策略
□R&D策略
□海外策略
□法務策略

◉填寫範例

商品名稱　**原木屋**

【商品簡述】

提供能夠充分享受原木生活的生活方式。以人工植木、廢材做為燃料，就可以過著以燒材取暖、烹調的環保生活。
推廣燻製工房或陶藝工房、木工工房的利用，以推動悠閒的別墅生活。

【想像圖】

充分享受原木生活……鄉村生活

【命名】

「鄉村生活」

【技術種子】

以自家公司的專利為主軸。

【價格】

700萬日圓～2,000萬日圓

【規格】

以人工植木為材料建造的原木屋。
由於部分工程是DIY，所以會降低建造成本。結構、屋頂、設備以及玻璃等屬於基本規格，所以公司會負責設計施工。其他的牆面、地板等屬於DIY的部分，提供客戶享受建造房子的樂趣，也降低建造成本。

以堆疊的格式構成牆面

300～500m²的農園與住宅用地（租地）

30～50m²的別墅

3 案例②「課題提案書」

☑ 不要埋怨問題，應該釐清問題並且提出解決方案，讓公司內部知道問題的存在，如此就能夠積極投入問題的解決。

◎從發現問題的記錄到擬訂企劃書

若說工作的現場充滿問題，真是一點也不誇張。再怎麼好的公司，也不可能完全沒有問題。能夠多早發現、解決隱藏在公司、工作中的問題，這是公司是否能夠創造業績的關鍵點。同樣地，能夠解決問題與無法解決問題的員工，也有很大的差別。

如果是簡單的問題，光是一份課題提案書就能夠直接執行解決對策。這個課題提案書，只要以條列式的方式整理就很足夠。

還有，如果是大問題，有時候也需要從課題提案書↓調查報告書（調查現狀並詳細報告）↓企劃書（根據調查結果，更進一步地企劃詳細的解決對策）的流程，一直進行到執行階段。問題解決之後，有時候也需要製作實施報告書（報告成果）。

◉從發現問題到解決問題的主要流程

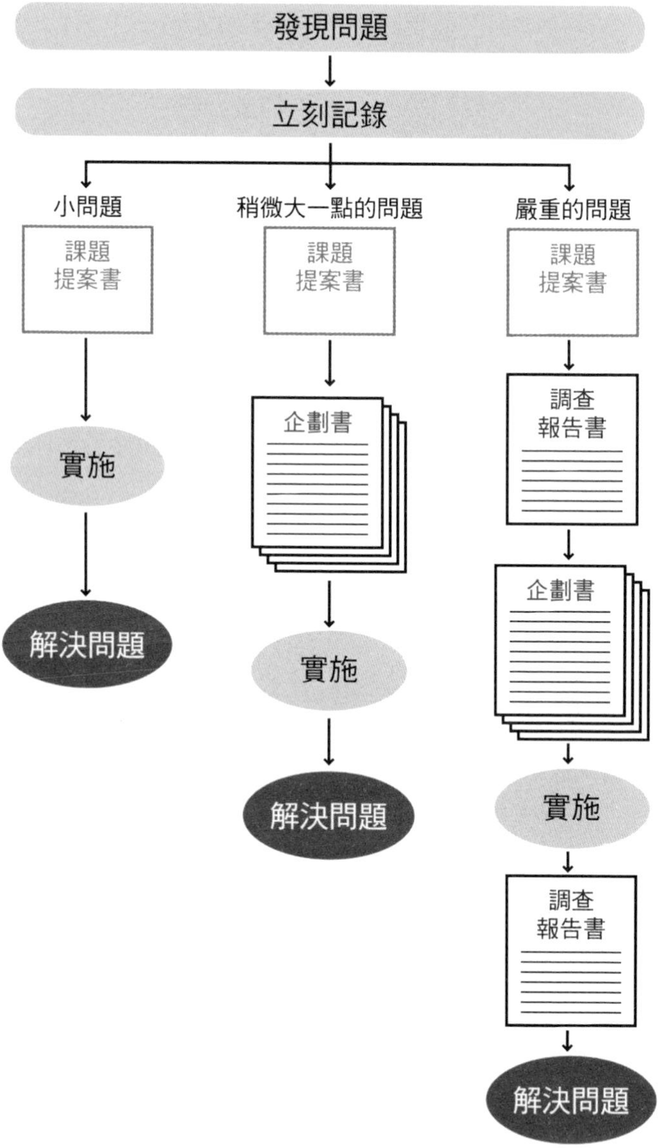

課題的主旨

【應該解決的課題】

以條列方式，簡潔易懂地列出解決問題的方案。

【時間表】

提出實施解決對策的時間表。

◉課題提案書

主題

【內在背景】

引起問題產生的公司內部因素、現狀，或是感到不協調的地方等等。

【外在背景】

引發問題的原因中，除了公司內部的因素之外，與環境的經濟狀況或消費者需求等也有關係。

【問題點】

清楚確定從內在背景或外在背景引發，且有待解決的問題。

【競爭環境】

清楚確定被外在環境影響以及自家公司所處的立場。

公司提倡全公司推動提案業務。不過，現實中只有以集團為單位的半年一次，以及一年一次全國性年度業務大會時所發表的成果而已。而且，案例談不上很好，問題也很多，必須徹底地重新檢視包含組織在內的所有問題。

業務運作地點的實際狀況
業務部課長級中，具有提案業務經驗的人不多。在沒有指導者，也沒有案例可循的狀態下，資淺員工的士氣空轉。雖然各個業務單位都配給每名員工一台電腦，不過，只有一半的業務員使用。而且也只是使用Word、Excel等軟體而已。

【應該解決的課題】

貫徹競爭對策與提案業務
如果沒有人脈或提案能力，實在很難獲得新客戶。因此，必須徹底調查既有客戶的競爭狀態與推動提案業務。

刷新年度大會
年度大會如果只發表過去的成績與目標數字就結束的話，那就沒有意義了。應該更頻繁地舉辦案例研討會才對。

活化特P室
不明白特P室的實際活動狀態。雖然知道這個單位才剛成立，不過正因為期待很高，所以希望能夠知道實際運作的內容。

蒐集、發表優良事例
這與特P室的活動有關，不過更應該公布成功的案例才對。

T公司經營不良的謠傳
市場上謠傳T公司從以前開始營運就不佳，必須試圖取代T公司顧問。

【時間表】

◉填寫範例

主題

推動提案業務與重新檢視年度業務大會

課題的主旨

【內在背景】

2000年計畫的重點課題「提案業務」
95年度所訂定的五年計畫方針被列為重點課題，另外，98年業績要達到業界前幾名之社長的緊急明令等，都揭示了提案業務需更進一步的推動。

業績比去年減少18.3%
98年的業績比去年少了20%，這是過去未曾出現過的現象。受到住宅公司業績下滑影響，當務之急是創造業績。

設置特別專案室
為了達到推動提案業務的目的，98年4月從企劃製作部門分離出特別專案室（特P室）。不過，如此的特P室似乎也沒有特別推動任何提案工作。

【外在背景】

景氣動向
N租賃公司的破產特別在西日本成為一個大問題。不僅突顯信用問題，也造成積極營運產生困難。

住宅公司的不景氣
主要客戶的住宅公司面臨結構性的不景氣，這個急遽下降的業績量相當大，而且也成為型錄類別的刪減對象。

【問題點】

發表大會的次數太少
在步調如此快速的時代裡，一年一次的案例大會是個問題。

員工之間的差異太大
提案業務分為實施的員工與無法實施的員工等正反兩極，而且非常多的員工無法提案。

缺乏優良範例
提案業務的良好範例太少。他人的案例無法使用。

【競爭環境】

S公司的競爭政策
最近大阪營業所接洽的大型案件，連續三次被業界的大公司S公司搶走。原因是在估價競爭中挫敗，針對這樣的現況需要研究一些對策。

4 案例③「研習企劃書」

研習時，要稍微離開容易被工作影響的日常生活，這是培養能夠客觀觀察企業整體的人才之重要關鍵。

◎研習越來越重要

有的企業認為研習「很有幫助」，不過，一旦遇到經濟不景氣，研習也可能成為被犧牲的對象。

不過，研習是培育人才的重要關鍵，需要戰略性地運用。若想達到這個目的，必須稍微離開容易被工作影響的日常生活，以便進行客觀地觀察自己、所屬部門以及企業整體的研習課程。

擬訂研習企劃時，重點在於研習的概念，也就是基本方針。

當然，研習企劃書的主要核心是課程內容。不過，上課前清楚揭示研習概念也很重要。**為了什麼目的進行研習？如果設計配合該方針的課程，應該會是一場極有意義的研習。**

還有，這樣的研習企劃書也能夠應用在「員工旅行企劃書」上。

◉實施研習時的大致流程

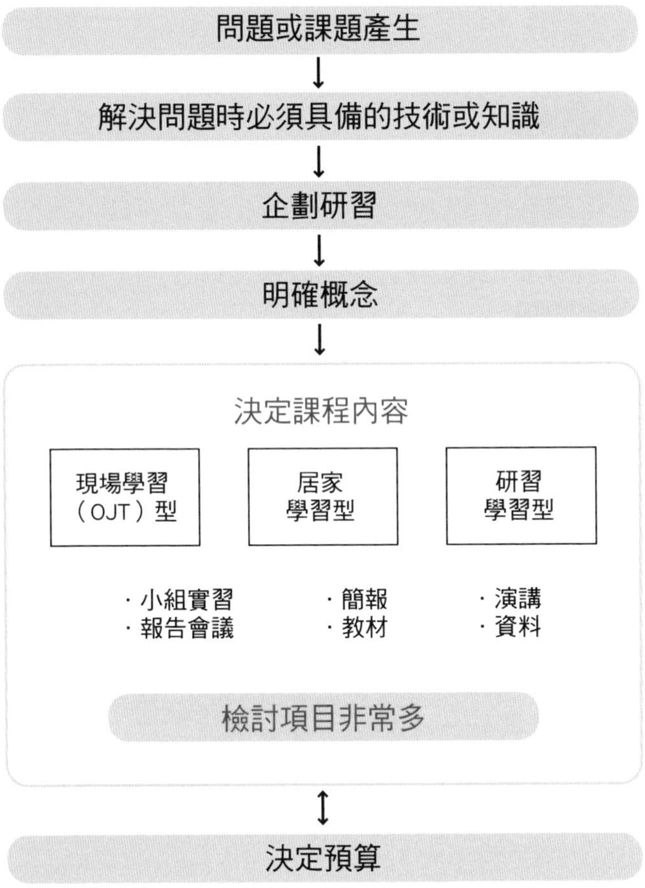
問題或課題產生
解決問題時必須具備的技術或知識
企劃研習
明確概念
決定課程內容
現場學習（OJT）型
居家學習型
研習學習型
·小組實習
·報告會議
·簡報
·教材
·演講
·資料
檢討項目非常多
決定預算

● 年月日　● 部門　● 填寫人

● 研習對象　● 研習時間
● 聽講對象　● 研習場所

事前準備

舉辦前的時間表、步驟等。

課程

以時間表呈現研習當天的課程內容。

後續處理

課程結束後徹底實踐研習內容。

各種工具

事前準備所使用的工具。為了讓準備順利地進行。

成果目標

舉辦研習的成果，盡量以數字表示。

體制・預算

簡潔表示實施研習的體制或預算等。

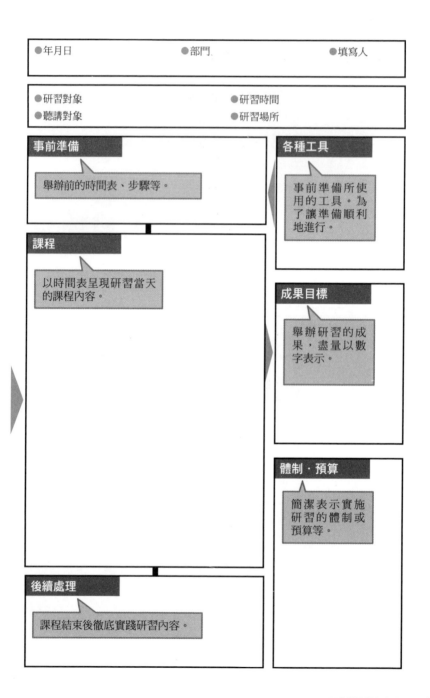

◉研習企劃書

主題

主題名稱盡量簡潔。除了點出事情的本質之外，也加上以具體數字明白表示的副主題，如此就能夠簡單易懂，清楚確定舉辦研習的目的。

現狀的問題點

清楚寫出必須透過研習以解決的問題點與課題。

基本方針

清楚寫出解決問題的方法，也就是舉辦研習的基本方針。

環境・背景

清楚寫出引發問題的背景或是應該舉辦研習的背景，以及外在環境、內在環境、社會背景等。

●年月日 2008/12/12　●部門 服飾企劃部　●填寫人 一色頃里

●研習對象 從企劃部內部選拔　●研習時間 2009 年 01/06 ～ 07
●聽講對象 12 人左右　●研習場所 本公司研習所

事前準備

12/15　與〇〇〇公司的前畑社長進行最後討論
12/18　負責人討論
12/22　部長報告
12/25～27　最終準備結束

各種工具

參照附錄、一覽表

課程

第一天
10：00　社長致詞
10：05　進行說明
10：20　研習開始（講師演講）
12：00　午餐
13：00　小組研討開始（依組別進行）
15：00　休息
15：15　小組研討再度進行
17：30　晚餐
18：30　小組研討再度進行
20：30　第一天結束／在其他場地進行聯誼

第二天
09：00　研討整理
12：00　午餐
13：00　小組報告開始（依組別）
15：00　休息
15：15　小組報告再度進行
16：30　講師講評
17：30　社長講評
18：00　結束宣言
18：30　解散

成果目標

推出三年內業績達一百億日圓的熱銷商品數項。
落實進度管理制度、落實進度管理數值化。
透過進度的資料化，進行對於其他部門的水平發展。

體制・預算

●體制
負責人・服飾企劃部
★運作主體
人事部・研習課
麻生課長・小泉主任
★業務主體
公司內部團隊
福田課長・安部主任
幸田・向坂・富田
●預算
138萬日圓，詳細資料請參閱附錄

後續處理

把研習的結果化為資料庫存檔。由於以往的研習課程都僅只於「很有幫助」、可提升個人技能的程度，所以，若將研習結果化為資料庫存檔參考，就能夠在事後客觀地檢視研習課程與技術提升之間的關係。

◉研習企劃書

主題

活化商品企劃部門研習課程
……針對下一世代、商品企劃．活化專案……

現狀的問題點

	2006年	2007年
A社	5,823	6,354
B社	3,355	3,445
C社	2,543	2,998
自社	2,025	2,030
D社	1,188	1,538
	億日圓	億日圓

低價服飾競爭商品群。
各公司國內業績比較。

在嚴苛的研發競爭與商品企劃競爭中，本公司的商品在市場占有率的競爭中落敗。

A公司的業績在2006／2007年約增加10%，C公司約增加18%，本公司則幾乎持平。由於預估2008年度下半年產業業績將會大幅減少，所以A、C公司業績估計將會維持以往的水準，B、D與本公司的業績則會下滑。

由於業務員的數量呈現V型成長，因此除了重新建構業務策略，也設法大幅改變組織架構。

許多來自企劃部門的意見認為目前的方法既老舊且毫無彈性，需要具體的解決對策。

基本方針

- 若想要在負成長的情況下增加業績，必須擴大市場占有率。
- 若想要擴大市場占有率，除了業務能力以外，推出暢銷商品的商品力也是不可或缺的。
- 若想要脫離老舊的商品企劃方法論，必須舉辦新的研習課程。
- 引進新的方法論，適應部分的新商品企劃團隊。
- 為了提升新商品相關專案的效率，引進進度管理軟體，達到控制專案進度的目的。
（依照不同的情況而定，每三個月舉辦研討會，檢視進度與進化狀況）

環境．背景

自2008年秋季開始，全球同時進入不景氣，全世界的經濟狀況陷入嚴苛的狀況。

敝公司的商品占40%的北美市場於2009年、2010年均呈現負成長。這樣的情況已經確實受到重視。據說日本國內市場也一樣連續兩年都是負成長。

EU與金磚四國等諸國都出現景氣衰退的現象。從下一期開始的三年間，必須研發能夠起死回生的新商品。

企劃部門內部除了反省這三年來沒有推出熱銷商品之外，也積極投入重新規劃熱銷商品，非常希望引進外來的意見。

雖然處於艱困的環境，不過，公司仍舊編列員工參加外部研習的預算。員工期望能夠多多錄取新人與女性。

經過多家顧問公司的簡報比稿之後，採用了〇〇〇公司。這次也倚重〇〇〇公司前畑社長進行這次的研習活動。

5 案例④「人生企劃書」

為了藉由工作達到人生的夢想，企劃自己的人生目的．目標，在每個環節重新檢視自己的人生。

◎為自己擬訂企劃書吧

在現在的時代中，可以說我們無法得到經濟．社會環境的照顧。在這樣的環境下，若想要在商場上成功，就必須擁有自己的人生目的．目標。

因此，試著寫出自己的「人生企劃書」吧。盤點自己所擁有的資產．資源，這些資產．資源將會是你思考自己的未來、實現夢想的基礎。如果自己的基礎穩固，你就會熱愛工作。如果目標清楚，夢想就不可能不會實現。

參加我自己經營的企劃塾的學員，都必須面對自己的「人生企劃書」。**重點是要在生日時或一年之初等重要節日重新檢視、修改自己的人生企劃書**。如果找到自己已經達成的目標，既能夠瞭解自己的成長，也能夠設定新目標、擬訂具體目標，繼而能夠過著更美好的人生。

◉擬訂人生計畫，就能夠實現夢想！

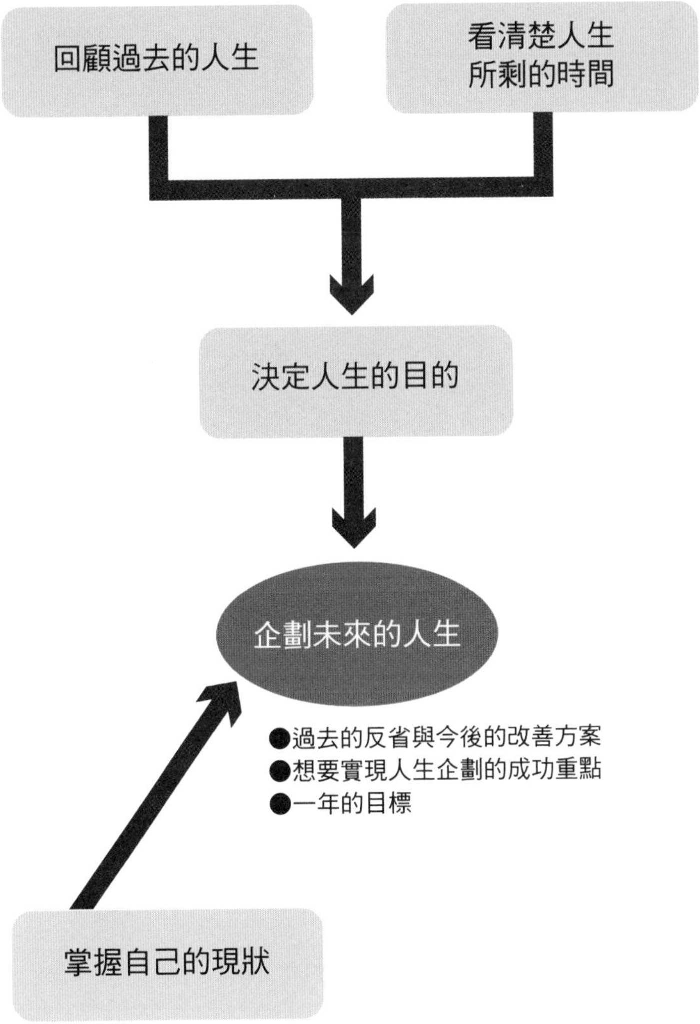

填寫　　　年　　月　　日(　　)　姓名

●主題

在自己的人生計畫加上標題。以一句話形容自己的人生。

人生成功的公式

靈活運用人生成功的項目。平衡與時間點很重要。

LC（人生的生命循環）＝ LC（環境的生命循環）× 3R（三項資源）× 3H（三種健康）× 2A（兩個行動）× 1C（機會）× O（運用）

●時間資源

把過去的時間塗滿，俯瞰未來的人生還剩下多少時間。

0	10	20	30	40	50	60	70	80	90	100

●預定結束日

寫出自己的人生預定結束的日子。如果想像不出來，就以80歲左右為標準。

●未來的人生

西元年						
年齡	20 多歲	30 多歲	40 多歲	50 多歲	60 多歲	70～80 多歲
目標達成程度（100%～0%） ---- 資產 ······· 人脈 —— 知識						
期						
目標						
行動						
資源平衡						

先以十年為間隔區分。利用圖表或期間名稱，明確顯示未來人生的想像畫面。具體說出目標與實際的行動。也思考三項資源（資產・人脈・知識）的運用模式。

●一年的目標

為了實現人生的企劃，清楚填寫今後一年的目標。

◉人生企劃的概念圖

●人生的目的

描寫自己的價值觀、人生展望，希望自己過什麼樣的人生。

●人生的目標

人生中想完成的事情。

●過去的人生

西元年	自己與家人的大事	當時的心情

以年份表示在過去人生中，印象深刻的事件或轉機。右欄寫出當時的心情。

●現在的自己

填寫自己現在的樣貌。可以使用想像素描或是貼相片。

・現在的資源 3R（技能・人脈・資產）

以技能・人脈・資產等三項資源為主軸，假設完美狀態為100，寫下自己目前的水準。也清楚寫出評估如此水準的根據。

・此時的重點

●過去的反省與未來的改善

重新洗滌過去與現在之後，就會清楚確認反省之處與改善方案。

●實現人生企劃的成功重點

自己想學習的技能或平常的行動。

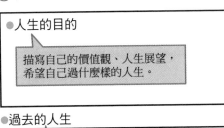

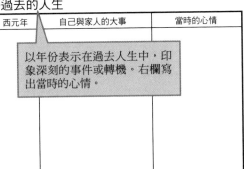

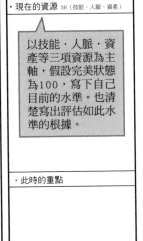

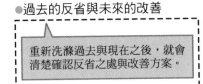

填寫 2002 年 12 月 24 日（二）　　姓名 宮口 巧

● 主題

我要在狂笑之中離開人世！～只要沒有被別人取走我的小命～

人生成功的公式

$$\underset{\text{人生的生命循環}}{LC} = \underset{\text{環境的生命循環}}{LC} \times \underset{\text{三項資源}}{3R} \times \underset{\text{三種健康}}{3H} \times \underset{\text{兩個行動}}{2A} \times \underset{\text{機會}}{1C} \times \underset{\text{運用}}{Op}$$

● 時間資源

0　10　20　30　40　50　60　70　80　90　100

過去充實的 36 年　←活用企劃技巧重生　其實打算活到 100 歲→

● 預定結束日期

2005/6/20

● 未來的人生

西元年	1986～	1996～	2006～	2016～	2026～	2036～
年齡	20 多歲	30 多歲	40 多歲	50 多歲	60 多歲	70～80 多歲

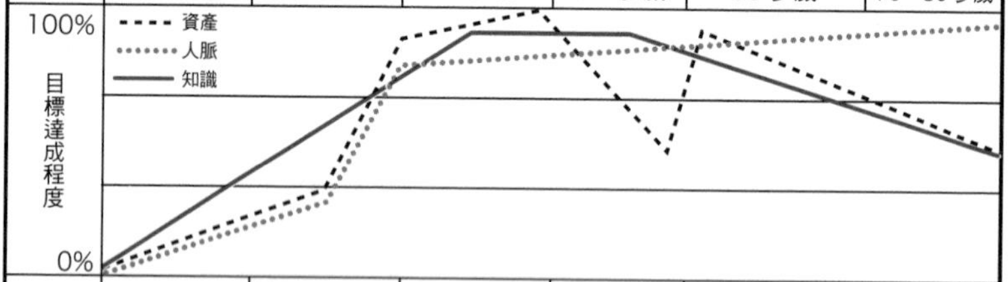

期	培養基礎體力	前半 建立技術・人脈 後半 奠定獨立的基礎	儲存期	轉折點	挑戰	充實・奉獻
目標	平成的不負責任男	為將來奠定基礎	累積實際成績	經由地方議員到市長	把成長的故鄉建設為充滿活力的城鎮	平心靜氣
行動	在腦中描繪成功的故事，成為一流份子中的基層人員	P・D・C・A 行動・實踐	以累積行動、責任、成功實績為目標	建立當選的基礎，轉變為市長	追求・實踐一直以來想像中的故鄉美景	內心充滿感謝，從事志工活動
資源平衡	資產 知識 人脈	資產 知識 人脈	資產 知識 人脈	資產 知識 人脈	資產 知識 人脈	資產 知識 人脈

● 一年的目標

2002 年目標「追求」「追求事項→成果・驗證」
1. 追求上班族的可能性→自己的企劃通過，獲得公司的好評價與升遷。
2. 追求一個社會男人的可能性→獲得推薦，刊登在 Big Tomorrow。
3. 追求公司的可能性→追求公司的事業環境、經營變化，明年以後決定賭上自己的可能性提出辭呈。
※追求所有提升技能的可能性，把 2002 年訂為驗證的一年→確定上述的一切都是技能提升與實踐之後所得到的結果。這一年會過得很充實。

2003 年目標「行動」
1. 回到從零開始起步的初衷，以行動為第一目標。
2. 所有行動都有理由、自信與責任。

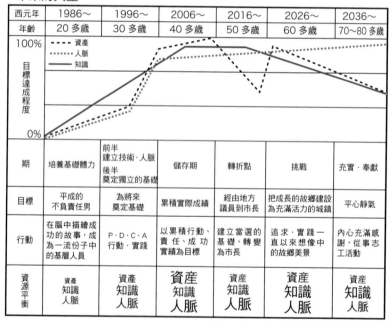

◉填寫範例

●人生的目的

我覺得我自己過得很幸福，希望我的家人、朋友等身邊與我有關的人，都能夠得到很多的幸福，讓他們每天臉上都充滿笑容。這是我的理想人生。

●人生的目標

瞭解自己所過的每分每秒以及做出的所有行動，希望每一瞬間都過得無怨無悔。當然，我明白無論是失敗或苦難，都是成長的機會！

●過去的人生

西元年	自己與家人的大事	當時的心情
1966/0歲	・6 月 17 日出生，為宮口家的長男。	
1972/6歲	・五年級結束時轉學 ・至新成立的學校。	在新學校上課好開心喔。畢業典禮在音樂教室舉行。
1978/12歲	・從新學校畢業，為第一屆畢業生。 ・進入中學。 ・一年級結束轉學到新成立的中學。 ・參加籃球社團。 ・在新學校以第二屆畢業生畢業。	有十五個班級的超大型學校。 一直在拔校園草地的雜草。
1981/15歲	・參加雙親、學校老師反對的高中考試但是落榜，以吊車尾考上高中就讀。 ・高中二年級時得到同校學長的邀請參加樂團活動。學長畢業後樂團也跟著解散。	意外地很快地從挫折中站起來。立志一定要考上大學！
1984/18歲	・高中三年級時，受到國中同學的邀請再度開始樂團活動。在當地的公民會館風光地舉辦畢業音樂會。 ・以全校第三名的成績自高中畢業。 ・順利考上大學。	過著無悔的高中生活。樂團的成員各自進入理想中的大學。 總之，萬歲啦！
1989/23歲	・進入橫濱的商業大樓開發公司就職。親身體驗泡沫經濟的高峰與崩盤。	以平成不負責任男為目標。看過四億日圓的現金。
1992/26歲	・換工作到靜岡當地建設顧問公司。	雖然工作內容很簡單，卻是很有意義的工作。
1997/30歲	・換工作五年之後結婚。太太是很有主見又可愛的女性。人生企劃變成兩個人的企劃。	人生的導師，也是尊敬的父親在六十歲時因罹患 C 型肝炎引發肝癌過世。
1998/31歲	・父親過世。不喝酒的父親竟然因肝癌去世……	有自信能靠自己開拓人生。
2001/35 歲	・追求人生的改變，參加企業塾的課程。	參加第二次的講座課程而掌握了企劃、實踐的感覺。
2002/36 歲	・通學講座第一期畢業。為了相信並追求自己的可能性，決定繼續上第二次的講座。 ・第一次的通學函授講座課題發表獲得好評，被刊登在 Big Tomorrow，也升遷為課長。 ・因為公共事業規模縮小，公司業績跟著惡化，所以主動請辭。2002 年 10 月底離職。	在公司參加 PT（產品、工具）研究會。不斷學習、實踐，期待在逆勢中提升公司的業績。 對公司的事業環境與經營方向產生疑慮，提出辭呈，為上班族的生涯畫下句點。那麼，阿巧，接下來的人生你要怎麼走呢？

●現在的自己

・現在的資源 3R（技能・人脈・資產）

技能：65 分
從社會人的基礎開始起步。
只有經驗
參加企劃塾講座＋10 分
上企劃塾課程再＋5 分

人脈：50 分
商場上不同業界的交流，參加企劃塾講座＋10 分
上企劃塾課程再＋10 分

資產：20 分
環境 LC 的影響極大
年收入勉強維持或下降
離職 逃避了收入被調降的命運，所以勉強維持水準

・此時的重點

隨著環境 LC 的惡化，選擇離職這條路，藉此做出自我改變。結果可能有所改善，也可能更加惡化，取決於自己的「行動」！

●過去的反省與未來的改善

反省點	改善點
學生時代不夠用功！容易放棄、沒耐性	開始進行一件事之前要仔細地研究・調查・分析
～企劃塾的看法？不懂得轉彎 一旦投入就看不到周遭的情況	設定確切的優先順序 要保持心境的穩定，不要輕易發怒

●實現人生企劃的成功重點

・行動會帶來信任・形成具有魅力的人格特質・加強承受打擊的堅強心智與自我的爆發力・加強決斷力與負責任的能力・建立強而有力的人脈並且確保他人對自己的信賴程度・珍惜每次相遇・最重要的是提高累積資金能力以及確定戰略方法・先見之明・敏銳的直覺・只能相信自己的能力

・行動與實踐與驗證
・對於成功抱持謙虛的態度

國家圖書館出版品預行編目(CIP)資料

好企劃這樣寫就對了!：日本首席企劃大師的33堂課 / 高橋憲行著；陳美瑛譯. -- 2版. -- 臺北市：商周出版：家庭傳媒城邦分公司發行, 民108.05
168面；14.8×21公分. -- (ideaman；106)
譯自：企画書の基本とコツ
ISBN 978-986-477-645-0(平裝)

1.企劃書

494.1　　108003852

ideaman 106
好企劃這樣寫就對了！
日本首席企劃大師的33堂課【暢銷改版】

原著書名／企画書の基本とコツ
原出版社／Gakken Plus Co., Ltd.
作者／高橋憲行
譯者／陳美瑛
企劃選書／何宜珍
責任編輯／劉枚瑛

版權部／黃淑敏、翁靜如、邱珮芸
行銷業務／莊英傑、張媖茜、黃崇華
總編輯／何宜珍
總經理／彭之琬
發行人／何飛鵬
法律顧問／元禾法律事務所　王子文律師
出版／商周出版
台北市104中山區民生東路二段141號9樓
電話：(02) 2500-7008　傳真：(02) 2500-7759
E-mail：bwp.service@cite.com.tw
Blog：http://bwp25007008.pixnet.net./blog
發行／英屬蓋曼群島商家庭傳媒股份有限公司城邦分公司
台北市104中山區民生東路二段141號2樓
書虫客服專線：(02)2500-7718、(02) 2500-7719
服務時間：週一至週五上午09:30-12:00；下午13:30-17:00
24小時傳真專線：(02) 2500-1990；(02) 2500-1991
劃撥帳號：19863813　戶名：書虫股份有限公司
讀者服務信箱：service@readingclub.com.tw
城邦讀書花園：www.cite.com.tw
香港發行所／城邦(香港)出版集團有限公司
香港灣仔駱克道193號超商業中心1樓
電話：(852) 25086231傳真：(852) 25789337
E-mailL：hkcite@biznetvigator.com
馬新發行所／城邦(馬新)出版集團【Cité (M) Sdn. Bhd】
41, Jalan Radin Anum, Bandar Baru Sri Petaling,
57000 Kuala Lumpur, Malaysia.
電話：(603)90578822　傳真：(603)90576622
E-mail：cite@cite.com.my

美術設計／簡至成
印刷／卡樂彩色製版印刷有限公司
經銷商／聯合發行股份有限公司
電話：(02)2917-8022　傳真：(02)2911-0053

■2011年（民100）6月初版
■2021年（民110）6月8日二版2刷

Printed in Taiwan

城邦讀書花園
www.cite.com.tw

定價／300元

ISBN 978-986-477-645-0

◉寫企劃書時以6W2H的架構思考

What	這個企劃的主題為何？
Who	推動企劃案的相關人員有誰？
Where	實施地點？
When	實施時間？進度為何？
Why	為什麼非擬訂這個企劃案不可？
How	實施企劃時該怎麼做？

✚

Wao!	是否加入令人感動的要素？ （若以How!代替的話，就成為5W3H）
How Much	多少預算？

◉根據6W2H做出企劃書的基本格式

主　題
What

負責人／日期
Who

標　題
What

內　容
Why
How

工　作
Who
Where
When

想　像
Wao!

組　織
Who

預　算
How Much

CUT!

◉若想要培養企劃能力，隨時攜帶筆記本

問題・課題→解決	年月日	負責人
●主題		
（日期） 筆記・問題點・課題	解決問題的啟發・ 方向性	人・組織・ 外在環境

CUT！

◉若想要確實獲得成果，利用PDSC循環來進行工作吧

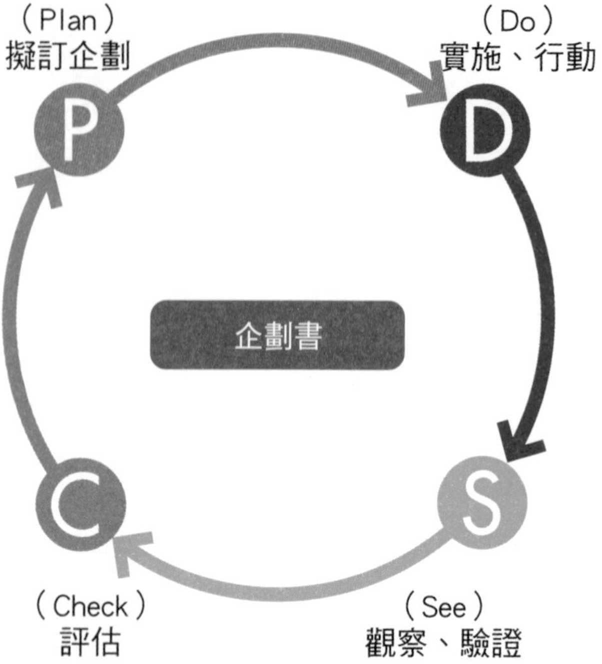

運作Plan（企劃）、Do（實踐）、See（觀察成果）、Check（評估・檢討假設或課題）的PDSC循環時，主軸就是企劃書。

※PDSC循環又稱PDS、PDCA（Action）等，有各種說法。基本上就是指一邊實踐一邊發現問題，並且進行改善，以便能夠更進一步地成長的循環。

CUT!

Idea man

Idea man